建筑开口部细部设计

[日] NIKKEI ARCHITECTURE　编

白玉美　译

刘灵芝　校

中国建筑工业出版社

建筑开口部细部设计

前 言

本书是从建筑专业杂志《NIKKEI ARCHITECTURE》2005年以后约5年期间刊登的内容中，精选了50个热门项目门窗的优秀设计实例编辑而成的。有人自称为"窗边族"，也有不少建筑设计者对窗户周边的细部设计感到头疼。可以说门窗同屋顶和楼梯一样，能够展示设计者的能力。

近年来，消减二氧化碳等温室气体的呼声很高，在开窗设计上，如何消减环境负荷成为一大课题。本书收录了著名建筑师设计的优秀项目、环境对策实例等，范围相当广泛。在你考虑又漂亮又能满足功能的门窗设计时，书中的50个实例如能助你一臂之力，我们将不胜荣幸！

NIKKEI ARCHITECTURE

Part4

※除案例中的照片外，本书中的数据、名称、人物的头衔等大都是刊登在《NIKKEI ARCHITECTURE》时的信息。刊登时间及照片摄影者等请参照P198。
※P9以后收录的大样图中缩写词的含义如下。

[**大样图中的主要缩写词**]

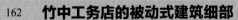

AI：铝材	FB：平扁钢	HTB：高强度螺栓	PL：板材
ALC：轻质加气混凝土	FL：地板线/平板玻璃	LGS：轻钢	St：钢材
BE：电子束固化涂膜	FRP：纤维增强塑料	LVL：层压胶合板	SOP：合成树脂调和漆
CB：混凝土砌块	FUE：氟树脂涂料	MDF：中密度纤维板	SUS：不锈钢
CL：透明漆涂膜	GL：地平线	MPG：金属·节点·连接	UC：聚氨酯树脂清漆
CT：CT型钢	GP：光泽型合成树脂乳胶涂料	OP：油性调和漆涂料	UE：不饱和聚酯树脂涂料
CW：幕墙	GRC：玻璃纤维增强水泥	OS：油性着色涂料	UP：聚氨酯涂膜
EP：合成树脂乳胶涂料	GW：玻璃棉	PB(GB)：石膏板	VE：氯乙烯树脂涂料
EPDM：三元乙丙橡胶	HL：金属拉丝	PCa：预制混凝土	VP：氯乙烯树脂涂膜

Part1

通过照片和图纸
解读热门作品

从安藤忠雄、伊东丰雄等活跃在第一线的建筑师的近期作品中，
选取了10个有特色的门窗设计项目。
采用彩色照片和细节大样图对窗户设计进行特写。
可以看出为了实现新的设计而做的不断摸索的痕迹。

① 安藤忠雄

坂上之云美术馆

爱媛县松山市

设计：安藤忠雄建筑研究所

从一层售票机前眺望二层
入口方向（左手里边）。
铠甲般的玻璃幕墙向外侧
倾斜5°竖立着

006

象征明治时期精神的铠甲状玻璃墙面

　　"坂上之云美术馆"的特征是三角形的平面。围绕着正三角形的核心倾斜旋转着，一直到四层的展示空间。

　　《坂上之云》是司马辽太郎先生花了约10年的时间写就的大作，描述了出生在松山的正冈子规和秋山兄弟，在明治激烈动荡的时代追逐自己理想的过程。

　　本项目的设计者安藤忠雄先生说："司马先生描述了奋力争取自由的明治时期日本人充满活力的时代精神。我想把这种精神表现在建筑上"。

　　三角形不仅仅是表现在建筑的平面。

建筑的形态是倒三角锥形，剖面也表现为三角形；墙面向外侧倾斜5°。安藤先生说："这样能够增加向心性。空间看上去好像有些不稳定，但倾斜的墙壁一定能够给予新的力量。"

外部的玻璃幕墙也是5°的倾斜。安藤先生想设计成像日本民居的雨淋板那样，身着铠甲的感觉。施工时，为了解决建筑构件间的排水费了很多心思；重点是突出窗框的角度且固定好。

上 站在四层露台可眺望大正时代的万翠庄和江户时代的松山城，万翠庄的对面还有复原的明治时代的愚陀佛庵，而建筑的三角形平面源于这些轴线
下 在三层展览室1，可以透过双层玻璃看到城山公园的一片绿色。眼前的万翠庄作为爱媛县美术馆分馆使用，是一个乡土美术馆。地面铺有60mm方形马赛克花岗石

左 从城山公园俯视。美术馆建在城山公园与市区交界处，它的背后是繁华街道　　右 西侧全景。经过县政府用地，从北侧绕进去之后看到建筑入口

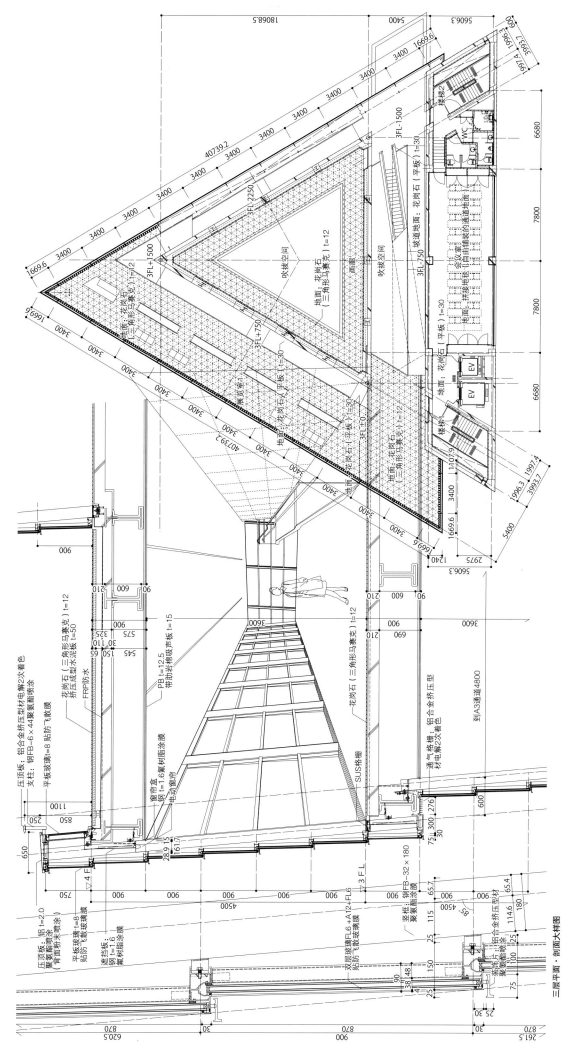

三层平面·剖面大样图

009

倾斜5°的清水混凝土斜墙面包围了斜坡。
左边是连接四层和三层的预应力混凝土楼梯

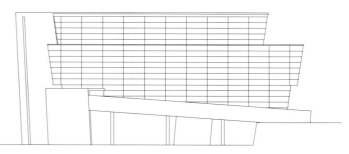

东立面图1/600

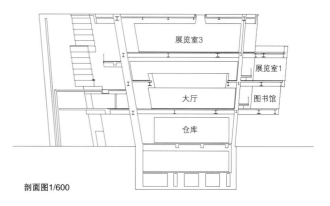

剖面图1/600

在上四层的斜坡的墙面上，展示了《产经
新闻》上刊登的《坂上之云》的全部报道。
1968年以来，在晚刊上连载了1296次

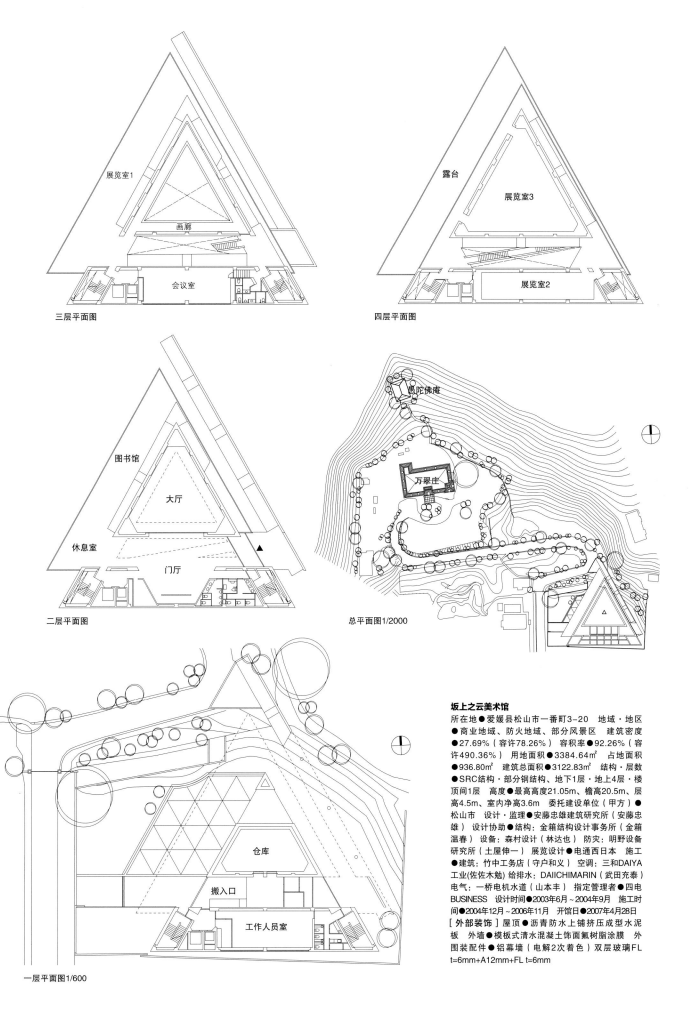

展览室1

画廊

会议室

三层平面图

露台

展览室3

展览室2

四层平面图

图书馆

大厅

休息室

门厅

二层平面图

毗陀佛庵

万翠庄

总平面图1/2000

仓库

搬入口

工作人员室

一层平面图1/600

坂上之云美术馆
所在地●爱媛县松山市一番町3-20 地域·地区
●商业地域、防火地域、部分风景区 建筑密度
●27.69%（容许78.26%） 容积率●92.26%（容
许490.36%） 用地面积●3384.64㎡ 占地面积
●936.80㎡ 建筑总面积●3122.83㎡ 结构·层数
●SRC结构·部分钢结构、地下1层·地上4层·楼
顶间1层 高度●最高高度21.05m、檐高20.5m、层
高4.5m、室内净高3.6m 委托建设单位（甲方）●
松山市 设计·监理●安藤忠雄建筑研究所（安藤忠
雄） 设计协助●结构：金箱结构设计事务所（金箱
温春） 设备：森村设计（林达也） 防灾：明野设备
研究所（土屋伸一） 展览设计●电通西日本 施工
●建筑：竹中工务店（守户和义） 空调：三和DAIYA
工业(佐佐木勉) 给排水：DAIICHIMARIN（武田充泰）
电气：一桥电机水道（山本丰） 指定管理者●四电
BUSINESS 设计时间●2003年6月～2004年9月 施工时
间●2004年12月～2006年11月 开馆日●2007年4月28日
[外部装饰] 屋顶●沥青防水上铺挤压成型水泥
板 外墙●模板式清水混凝土饰面氟树脂涂膜 外
围装配件●铝幕墙（电解2次着色）双层玻璃FL
t=6mm+A12mm+FL t=6mm

折纸般轻快的钢板墙和
分叉的开口

一层东北侧的空间。下几个台阶，右侧正面的开口便是出入口。左侧墙壁上的横窗长度约10m

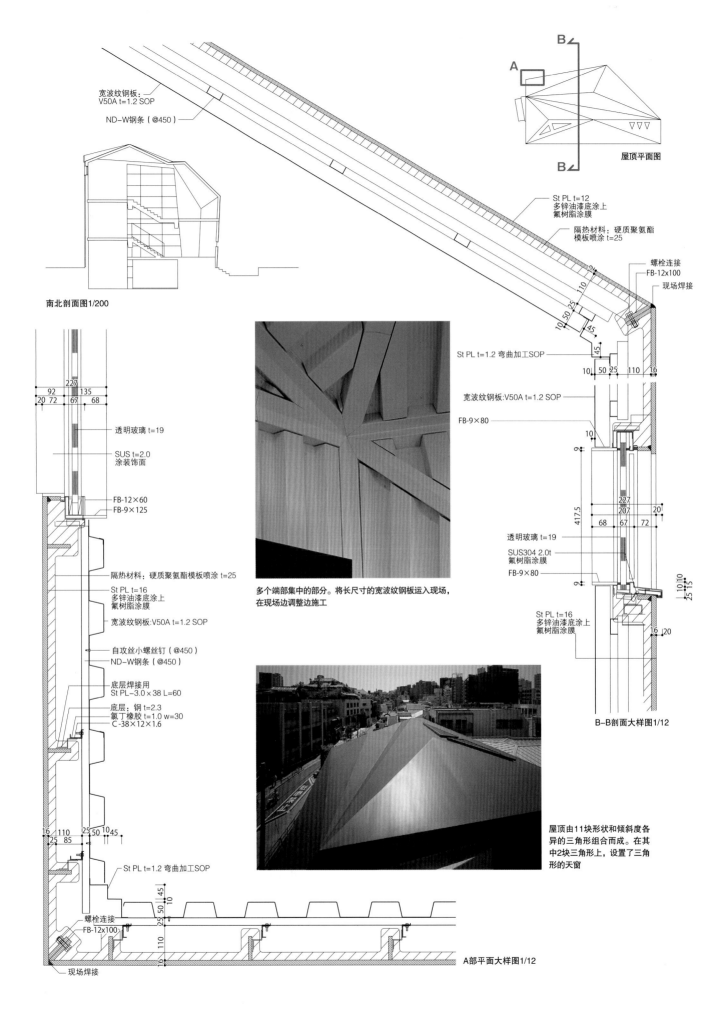

宽波纹钢板：
V50A t=1.2 SOP

ND-W钢条（@450）

屋顶平面图

St PL t=12
多锌油漆底涂上
氟树脂涂膜

隔热材料：硬质聚氨酯
模板喷涂 t=25

螺栓连接
FB-12x100

现场焊接

南北剖面图1/200

St PL t=1.2 弯曲加工SOP

宽波纹钢板：V50A t=1.2 SOP

FB-9×80

透明玻璃 t=19

SUS304 2.0t
氟树脂涂膜

FB-9×80

St PL t=16
多锌油漆底涂上
氟树脂涂膜

B-B剖面大样图1/12

透明玻璃 t=19

SUS t=2.0
涂装饰面

FB-12×60
FB-9×125

隔热材料：硬质聚氨酯模板喷涂 t=25

St PL t=16
多锌油漆底涂上
氟树脂涂膜

宽波纹钢板：V50A t=1.2 SOP

自攻丝小螺丝钉（@450）

ND-W钢条（@450）

底层焊接用
St PL-3.0×38 L=60

底层：钢 t=2.3
氯丁橡胶 t=1.0 w=30
C-38×12×1.6

多个端部集中的部分。将长尺寸的宽波纹钢板运入现场，
在现场边调整边施工

屋顶由11块形状和倾斜度各
异的三角形组合而成。在其
中2块三角形上，设置了三角
形的天窗

St PL t=1.2 弯曲加工SOP

螺栓连接
FB-12x100

现场焊接

A部平面大样图1/12

"hhstyle.com/casa" 坐落在东京·原宿的狭窄街道边，2005年建成，营业2年左右。隔一栋楼就是总店，是由妹岛和世设计的一栋具有透明感的建筑。

用地的前方是城市规划道路，因此，要求部分建筑容易拆除以便道路的扩展。而且用地的租赁合同期限分别为10年和5年。

安藤先生看了场地后，马上想到钢板这种材料。因为建筑用地条件复杂，只能想办法使人感受不到钢板的厚重，且使建筑表现出轻盈的感觉。根据道路、日照等用地条件及建筑结构等情况，最后得出像折纸般的用暗黑色钢板盖上的箱形设计。

关于建筑的结构，柱、梁和中心部分为钢筋混凝土结构，屋顶、墙壁为钢架结构。外部使用了12mm的氟树脂涂膜钢板，中间为隔热层，内部用宽波纹钢板装饰。钢板的内侧焊接了肋条作加固。增加了建筑立面钢板的厚度，加厚4mm，以减轻焊接引起的变形。开叉的开口强调了建筑的轻快感。

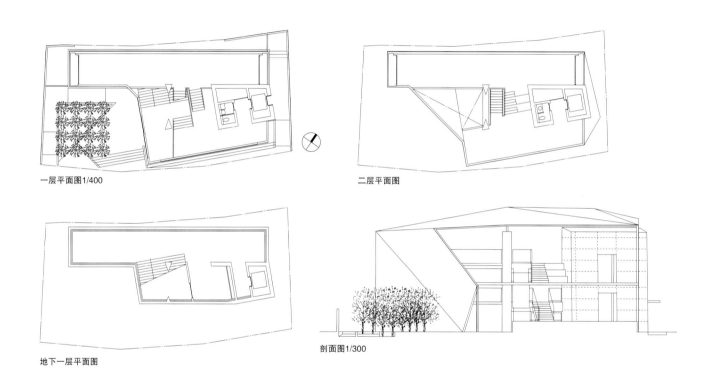

一层平面图1/400

二层平面图

地下一层平面图

剖面图1/300

总平面图1/600

hh.style.com/casa
※ 该店铺2007年关闭
所在地 ● 东京都涩谷区神宫前6-14-5　地域·地区 ● 第一类居住专用地域、准防火地域、第三类高度地区　建筑密度 ●59.69%（容许60%）　容积率 ●133.20%（容许300%）　前方道路 ● 东南10.5m　用地面积 ●352.67㎡　占地面积 ●210.52㎡　建筑总面积 ●469.77㎡　结构·层数 ●RC结构·S结构、地下1层·地上2层　各层面积 ● 地下一层132.30㎡、一层175.60㎡、二层161.87㎡　基础·桩 ● 地基改良（钻孔灌注水泥砂浆桩施工法）　高度 ● 最高高度9.95m、层高3.06m、室内净高2.87m（2.35～3.00m）　运营者 ●INTAA OFFICE　设计·监理 ● 安藤忠雄建筑研究所（安藤忠雄）　设计协助 ● 结构：金箱结构设计事务所（金箱温春）　施工 ● 竹中工务店（冈崎俊树）　施工协助 ● 空调·给排水·卫生：三建设备工业（赤峰崇之）、电气：东光电气工事（日高健）、EV：东芝电梯（森博纪）　设计时间 ●2004年4月～8月　施工时间 ●2004年9月～2005年2月
［外部装饰］屋顶 ● 钢板 t=12mm、多锌油漆底涂上氟树脂涂膜　外墙 ● 钢板 t=12mm·t=16mm、多锌油漆底涂上氟树脂涂膜　外部配件 ● 钢窗
［内部装饰］店铺·地面 ● 板材铺地材料　墙 ● 宽波纹钢板V50A t=1.2 H=50mm SOP、清水混凝土　顶棚 ● 宽波纹钢板V50A t=1.2 H=50mm SOP、宽波纹钢板APA60 t=6.0mm H=100mm SOP

② 伊东丰雄

多摩美术大学图书馆（八王子校区）

东京都八王子市

设计：伊东丰雄建筑设计事务所

多摩美术大学图书馆（八王子校区）

东京都八王子市

主体结构和玻璃在同一平面上
给施工现场增加了紧张感

连续的拱形玻璃窗镶嵌在清水混凝土外墙上，形成了缓缓的曲面。外墙的四个角像刀刃那样锋利，拱形的底部像高跟鞋的鞋跟那样细。

多摩美术大学的新图书馆建在八王子校区正门附近。因为建筑的外观会被很多人看到，校方希望设计一个有象征意义的建筑立面。最终展现在我们眼前的是清水混凝土和开口的玻璃在同一平面上的接合。作为技术支撑，建筑的结构使用了减震装置。

在施工现场没有使用能够接合玻璃与金属的结构密封胶。而是采用了在主体结构的凹口部分固定上铝合金型材，再将玻璃镶在型材中的细节做法。由于玻璃的开口是拱形的，接触玻璃的材料使用了22.3mm的能够穿过玻璃的垫片。

在玻璃施工时，通过浇灌混凝土时用过的分离器的孔，用吸盘将玻璃固定住，然后上密封胶。密封胶剖面毫无破损的作业难度是很高的。并进行了一周的养护。

由于清水混凝土和镶嵌的玻璃是在同一平面上，所以对清水混凝土的施工精度的要求很高。特别是北面和西面的外墙有弧度的，难度就更高。伊东丰雄建筑设计事务所的庵原义隆说："在施工现场有一种紧张感。这个细部给整个现场制造了这种气氛"。

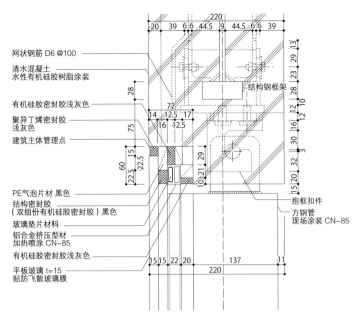

外装构件　二层外墙接合部剖面大样图 1/6

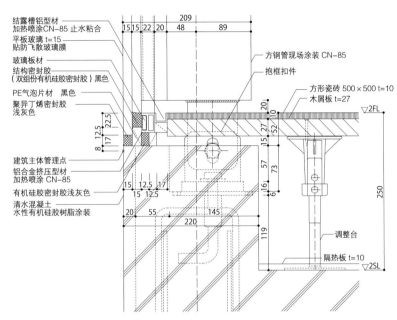

外装构件　二层地面接合部剖面大样图 1/6

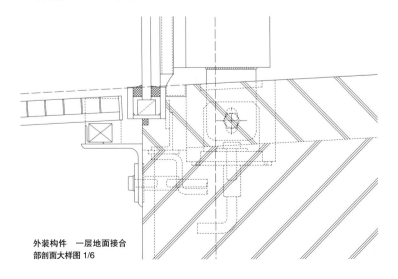

外装构件　一层地面接合
部剖面大样图 1/6

二层阅览室。低矮的书架像河流一般，穿梭在拱的柱子之间布置，毫无视线遮挡。并且，可以通过拱形的大窗看到一望无际的多摩丘陵。新图书馆目前的开架藏书量约12万册

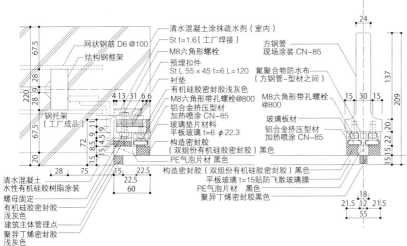

清水混凝土涂抹疏水剂（室内）
网状钢筋 D6 @100
St t=1.6（工厂焊接）
结构钢框架
M8六角形螺栓
预埋扣件
St L 55×45 t=6 L=120
衬垫
有机硅胶密封胶浅灰色
M8六角形带孔螺栓@800
铝合金挤压型材
加热喷涂 CN-85
玻璃垫片材料
平板玻璃 t=6 φ22.3
构造密封胶
（双组份有机硅胶密封胶）黑色
PE气泡片材 黑色

方钢管
现场涂装 CN-85
氟聚合物防水布
（方钢管-型材之间）
M8六角形带孔螺栓@800
玻璃板材
铝合金挤压型材
加热喷涂 CN-85

钢托架
（工厂成品）

清水混凝土
水性有机硅胶树脂涂装
螺母固定
有机硅胶密封胶
浅灰色
建筑主体管理点
聚异丁烯密封胶
浅灰色

构造密封胶（双组份有机硅胶密封胶）黑色
平板玻璃 t=15贴防飞散玻璃膜
PE气泡片材 黑色
聚异丁烯密封胶黑色

外装构件 外墙接合部平面大样图 1/6

镶玻璃前的样子。在弯曲的铝型材中摆放垫片材料

铝合金挤压型材 加热喷涂 CN-85
玻璃垫片材料 平板玻璃 t=6 φ22.3
铝合金挤压型材 加热喷涂 CN-85
玻璃板材 平板玻璃 t=6 21×150

铝合金挤压型材
加热喷涂 CN-85
玻璃板材
平板玻璃
t=6 21×150

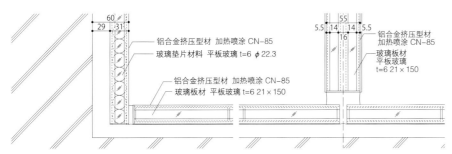

外装构件 正面大样图（二层底部·玻璃施工前）1/6

玻璃镶嵌时的情况。在玻璃与垫片材料之间用构造密封胶固定

出自藤江和子女士之手的阅览室家具设计

上 能够看到书架对面风景的设计
下 一层北侧连接而成的称作"大桌子"的杂志、报纸平放台

设置在一层东北角的休息沙发。毛毡夹着铁板心

多摩美术大学图书馆（八王子校区）

所在地●东京都八王子市鑓水2-1723 地域・地区●第二类居住地域、准防火地域、第二类高度地区 建筑密度（整个校内）●22.87%（容许33.47%） 容积率（整个校内）●58.56%（容许111.56%） 用地面积●159184.87㎡ 占地面积●2224.59㎡ 建筑总面积●5639.46㎡ 结构・层数●钢框架+混凝土结构・一部分RC结构（地下）、地下1层、地上2层 桩・基础●PHC 带节桩 高度●最高高度13.11m，檐高10.9m，室内净高：一层3.4～6.6m，二层5.1～6.7m 委托建设单位（甲方）●多摩美术大学 设计・监理●校区规划・监理：多摩美术大学八王子校区设计室（田渊谕）、建筑・设备・监理：伊东丰雄建筑设计事务所（伊东丰雄）、监理：多摩美术大学老整备室（渡边清光） 设计协助●结构：佐佐木睦朗结构设计研究所（佐佐木睦朗）、交互设计：建筑・都市工作室（铃木明）、家具设计：藤江和子工作室（藤江和子）、窗帘设计・制作：NUNO(安东阳子)、鹿岛（建筑：木曽康晴、设备：川崎克巳、结构：上野薰） 施工●鹿岛（建筑：青木干雄、设备：森井弘） 施工协助●施工图：EBAGURIIN(肥田健)、空调・卫生：TEKUNO菱和、东洋热工业、三建设备工业（井本义弘） 电气：旭日电气工业、关电工、东光电气（安藤守） 家具制作●总负责：丸善 制作：YKK AP、INOUEINDASUTORIIZU、海工作室 设计时间●2004年4月～2005年10月 施工时间●2005年11月～2007年2月

[外部装饰] 屋顶●沥青防水+隔热材料+混凝土成型板 外墙●清水混凝土饰面+水性有机硅胶树脂涂装

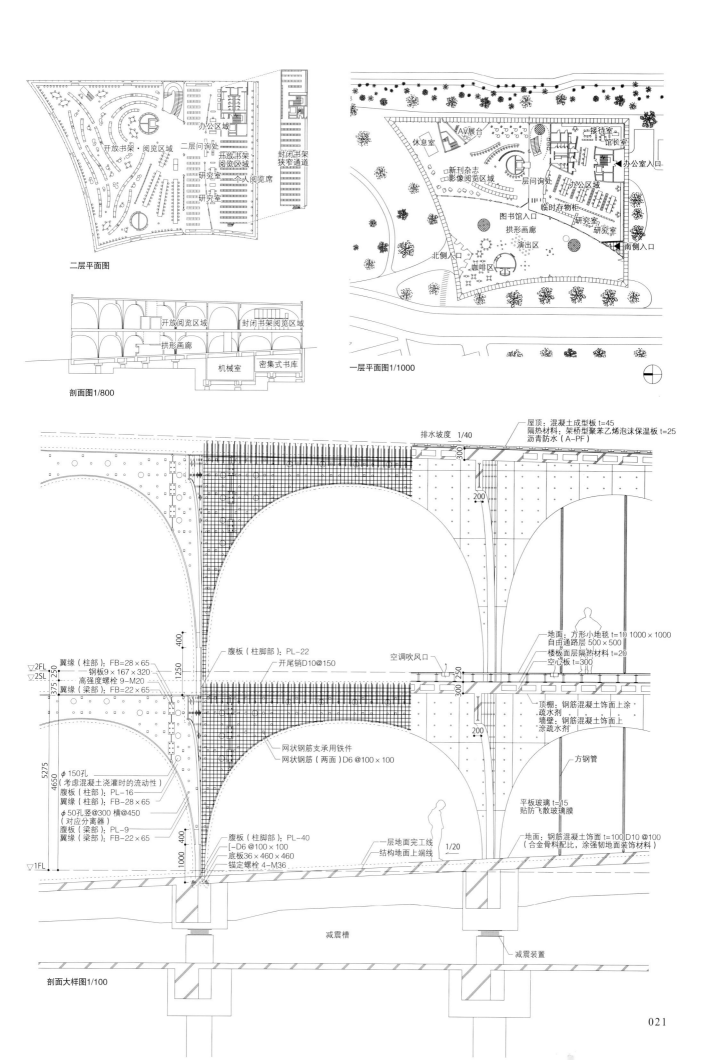

二层平面图

开放书架·阅览区域

二层问询处

封闭书架狭窄通道

研究室

个人阅览席

研究室

剖面图1/800

开放阅览区域

封闭书架阅览区域

拱形画廊

机械室

密集式书库

一层平面图1/1000

休息室

AV展台

接待室

馆长室

新刊杂志影像阅览区域

层问询处

办公区域

办公室入口

临时存物柜

图书馆入口

研究室

拱形画廊

北侧入口

演出区

研究室

咖啡区

南侧入口

排水坡度 1/40

屋顶：混凝土成型板 t=45
隔热材料：架桥型聚苯乙烯泡沫保温板 t=25
沥青防水（A-PF）

300

200

地面：方形小地毯 t=10 1000×1000
自由通路层 500×500
楼板面层隔热材料 t=20
空心板 t=300

腹板（柱脚部）：PL-22
开尾销D10@150

空调吹风口

翼缘（柱部）：FB=28×65
钢板9×167×320
高强度螺栓 9-M20
翼缘（梁部）：FB=22×65

▽2FL
▽2SL
375 250
400
1250
300 250

顶棚：钢筋混凝土饰面上涂疏水剂
墙壁：钢筋混凝土饰面上涂疏水剂

200

网状钢筋支承用铁件
网状钢筋（两面）D6 @100×100

方钢管

φ150孔
（考虑混凝土浇灌时的流动性）
腹板（柱部）：PL-16
翼缘（柱部）：FB=28×65
φ50孔竖@300 横@450
（对应分离器）
腹板：PL-9
翼缘（梁部）：FB=22×65

5275
4650
400
1000

平板玻璃 t=15
贴防飞散玻璃膜

腹板（柱脚部）：PL-40
[-D6 @100×100
底板36×460×460
锚定螺栓 4-M36

一层地面完工线
结构地面上端线

1/20

地面：钢筋混凝土饰面 t=100 D10 @100
（合金骨料配比，涂强韧地面装饰材料）

▽1FL

减震槽

减震装置

剖面大样图1/100

冥想的森林 市营火葬场

岐阜县各务原市

设计：伊东丰雄建筑设计事务所

曲面屋顶具有浮游感
玻璃开口引入室外景色

　　白色的曲面屋顶由冰溜状的柱子支撑着，漂浮在山与水池之间。外观像美术馆的这个建筑物，是岐阜县各务原市作为墓地公园设施建设的火葬场。

　　作为公园设施的火葬场以同周围的景观相融合为目标。用20cm厚的钢筋混凝土建造了自由曲面壳

体结构的屋顶。看起来像空中的浮云，又像山的棱线。伊东先生说："想建成一个溶于景观的，又能够感受安然与宁静的空间"。

　　白色的曲面屋顶作为"照明设备"也起到了一定的作用。曲面形状与顶棚上的弹性喷涂饰面使照在顶棚上的光线适度散乱，营造出大

度且温柔的气氛。

　　让视线毫无遮挡的整面玻璃幕墙使曲面屋顶显得更醒目。从远处看来，消减了建筑的存在感，强调了屋顶的浮游感。且又将绿色和水的外部景色引入室内。景色随时间变化而变化，市民对火葬场的印象也会发生变化吧！

市营火葬场是2006年6月开放的。开放典礼约800名市民参加。举行典礼时，一部分参加者登上了屋顶。前面的水池是在以前水池的基础上改建的

内部照明下的、华灯初上的火葬场。柱子显得更细，屋顶的浮游感更强了

石川干子女士做的景观设计。在建筑物和水池之间，设计了茶色的石板和深绿色的沿阶草带，增强了建筑物的存在感

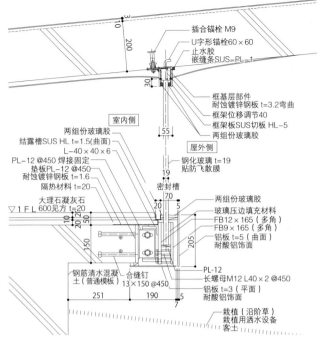

插合锚栓 M9
U字形锚栓60×60
止水胶
嵌缝条SUS=PL=1
框基层部件
耐蚀镀锌钢板 t=3.2弯曲
框架位移调节40
框架板SUS切板 HL-5
两组份玻璃胶

室内侧

两组份玻璃胶
结露槽SUS HL t=1.5(曲面)
L-40×40×6
PL-12 @450 焊接固定
垫板PL-12 @450
耐蚀镀锌钢板 t=1.6
隔热材料 t=20
大理石凝灰石
▽1FL 600见方 t=20

屋外侧

钢化玻璃 t=19
贴防飞散膜

密封槽

两组份玻璃胶
玻璃压边填充材料
FB12×165（多角）
FB9×165（多角）
铝板 t=5（曲面）
耐酸铝饰面

钢筋清水混凝土（普通模板）
13×150 @450
合缝钉
PL-12
长螺母M12 L40×2 @450
铝板 t=3（平面）
耐酸铝饰面

栽植（沿阶草）
栽植用洒水设备
客土

幕墙剖面大样图1/15

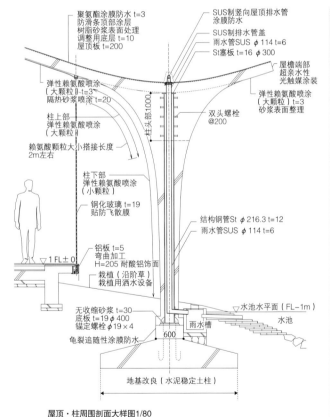

聚氨酯涂膜防水 t=3
防滑条顶部涂层
树脂砂浆表面处理
调整用底层 t=10
屋顶板 t=200

SUS制竖向屋顶排水管
涂膜防水
SUS制排水管盖
雨水管SUS φ114 t=6
St塞板 t=16 φ300

弹性赖氨酸喷涂
（大颗粒）t=3
隔热砂浆喷涂 t=20

屋檐端部
超亲水性
光触媒涂装

柱上部
弹性赖氨酸喷涂
（大颗粒）

弹性赖氨酸喷涂
（大颗粒）t=3
砂浆表面整理

赖氨酸颗粒大小搭接长度
2m左右

双头螺栓
@200

柱下部
弹性赖氨酸喷涂
（小颗粒）

钢化玻璃 t=19
贴防飞散膜

结构钢管St φ216.3 t=12
雨水管SUS φ114 t=6

铝板 t=5
弯曲加工
H=205 耐酸铝饰面
栽植（沿阶草）
栽植用洒水设备

▽1FL±0

无收缩砂浆 t=30
底板 t=19 φ400
锚定螺栓 φ19×4

▽水池水平面（FL-1m）

水池

雨水槽

龟裂追随性涂膜防水

600

地基改良（水泥稳定土柱）

屋顶·柱周围剖面大样图1/80

屋顶与墙、柱是连接在一起的，没有明显的界线。地板和告别室等的墙壁采用的是大理石

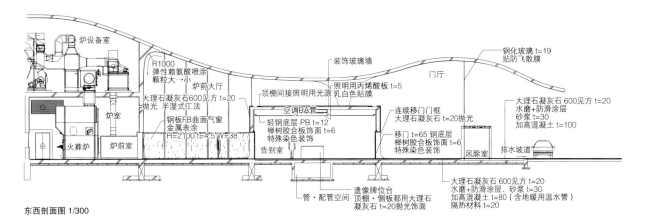

东西剖面图 1/300

炉设备室

R1000
弹性赖氨酸喷涂
颗粒大·小
炉前大厅
大理石凝灰石600见方 t=20
抛光 半湿式工法
钢板 FB 曲面气窗
金属表涂
H=2100 t=4.5 W=38

炉室

火葬炉
炉前室

装饰玻璃墙

照明用丙烯酸板 t=5
顶棚间接照明用光源 乳白色贴膜

空调RA管
轻钢底层 PB t=12
榉树胶合板饰面 t=6
特殊染色装饰
告别室

连续移门门框
大理石凝灰石 t=20抛光

移门 t=65 钢底层
榉树胶合板饰面 t=6
特殊染色装饰

门厅

钢化玻璃 t=19
贴防飞散膜

大理石凝灰石 600见方 t=20
水磨+防滑涂层
砂浆 t=30
加高混凝土 t=100

风除室

排水坡道

大理石凝灰石600见方 t=20
水磨+防滑涂层、砂浆 t=30
加高混凝土 t=80（含地暖用温水管）
隔热材料 t=20

遗像牌位台
管·配管空间 顶棚·侧板都用大理石
凝灰石 t=20抛光饰面

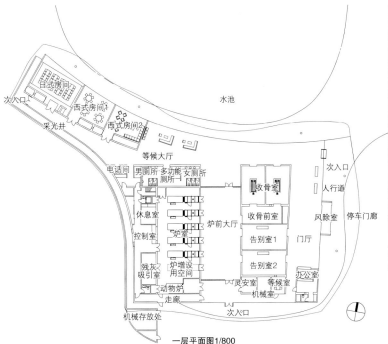

一层平面图 1/800

日式房间
西式房间1
西式房间2
采光井
次入口

水池

等候大厅
电话间
男厕所 多功能 女厕所
厕所
休息室
控制室
残灰吸引室
炉增设用空间
动物炉
走廊
机械存放处
次入口

收骨室
收骨前室
炉室
告别室1
告别室2
灵安室 等候
办公室
机械室
门厅
风除室
次入口
人行道
停车门廊

屋顶是用钢筋混凝土建造的20cm厚的自由曲面壳体结构。为了控制施工误差，将模板的施工精度控制在±10mm以内。根据屋顶的倾斜，要求现浇混凝土的坍落度控制在8~10cm范围

从火葬场内部看水池。玻璃幕墙确保了开放感。伊东先生说"从建筑内侧看到的风景是这个火葬场的一个非常重要的要素"

冥想的森林 市营火葬场
所在地●岐阜县各务原市那加扇平2-5 主要用途●火葬场 地域·地区●非市区化地区 建筑密度●33.9%（容许60%）容积率●33.82%（容许200%）前面道路●东6m 停车台数●20台 用地面积●6695.97㎡ 占地面积●2269.66㎡ 建筑总面积●2264.57㎡ 结构·层数●RC结构·一部分S结构、地上2层 各层面积●一层1817.87㎡、二层446.70㎡ 高度●最高高度11.5m、平均室内净高6.07m 委托建设单位（甲方）●各务原市 设计·监理●伊东丰雄建筑设计事务所（伊东丰雄）设计协助●结构：佐佐木睦朗结构设计研究所（佐佐木睦朗）、设备：环境工程公司（和田隆文）、防灾：安宅防灾设计（铃木贵良）、景观：石川干子（庆应义塾大学教授）、照明：灯光设计（东海林弘靖）施工●建筑：户田建设·市川工务店·天龙建设JV（伊藤智）、电气：内藤电机（田下好治）、空调：大东（加藤伸治）、卫生：丸共管工（桥本哲太郎）、火葬炉设备：富士建设工业（齐藤明彦）、外部结构：横建（松原幸一）设计时间●2004年5月~2005年3月 施工时间●2005年4月~2006年5月
［主要外部装饰］屋顶●树脂砂浆表面处理、聚氨酯喷涂涂膜防水 t=3mm、防滑：隔热砂浆、弹性赖氨酸喷涂大小颗粒 t=3mm
［主要内部装饰］告别室·收骨室●地面：大理石凝灰石水磨 t=20mm+防滑疏水处理、墙·顶棚：PB底层+榉树胶合板饰面 t=6mm 等候室●地面：椴木地板+一部分榻榻米、墙：硅胶藻土抹灰饰面t=5mm、顶棚：隔热砂浆t=20mm+弹性赖氨酸喷涂大小颗粒 t=3mm

面向MARONIE大街的南侧立面。门窗的位置和形状看上去千姿百态，其实圆弧形的半径都是400mm

MIKIMOTO Ginza 2

东京都中央区

设计：伊东丰雄建筑设计事务所＋大成建设

可以自由表现的钢板建筑

MIKIMOTO
BOUTIQUE

钢板混凝土结构的特点是在建筑物底部的墙角处也能开大的开口。因为填充热容量高的混凝土，即使在盛夏，外墙的钢板也不会发热，手摸也没有问题的

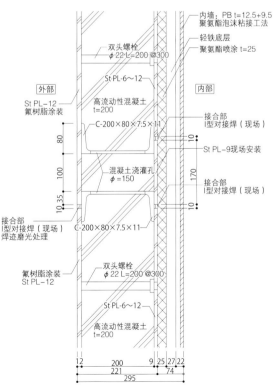

内墙：PB t=12.5+9.5
聚氨酯泡沫粘接工法
轻铁底层
聚氨酯喷涂

高流动性混凝土 t=200

双头螺栓 φ22 L=200 @300

St PL-6～12

St PL-9

氟树脂涂装 外墙：St PL-12

挤压成型铝制窗框

框缘端部：St PL-1.6+FB-4.5×32

框缘：St PL-1.6

外部　内部

12 8 19 8　251
298

开口部：平板玻璃 t=6～19

PIB密封胶

框缘：St PL-1.6

丙烯酸板 t=2（乳白）

CCL冷阴极荧光灯

PB t=12.5+9.5
聚氨酯泡沫粘接工法

轻铁底层
排水编织软管 φ=12

聚氨酯喷涂 t=25

140

排水槽：AL PL-2.0

St PL-9

St PL-6～12

高流动性混凝土 t=200

St PL-12 氟树脂涂装

双头螺栓 φ22 L=200 @300

12　200　9 25 27 22
221　74
295

转角平面大样图1/10

内墙：PB t=12.5+9.5
聚氨酯泡沫粘接工法
轻铁底层
聚氨酯喷涂 t=25

双头螺栓 φ22 L=200 @300

St PL-6～12

外部　内部

St PL-12 氟树脂涂装

高流动性混凝土 t=200

C-200×80×7.5×11

接合部 I型对接焊（现场）

St PL-9现场安装

80

100

混凝土浇灌孔 φ=150

接合部 I型对接焊（现场）

170

10.35

10

接合部 I型对接焊（现场）焊迹磨光处理

C-200×80×7.5×11

氟树脂涂装 St PL-12

双头螺栓 φ22 L=200 @300

St PL-6～12

高流动性混凝土 t=200

12　200　9 25 27 22
221　74
295

钢板 纵向接合部大样图1/10

东京银座的MIKIMOTO Ginza 2是以珍珠饰品知名的MIKIMOTO建造的店铺楼。伊东丰雄建筑设计事务所和大成建设公司的团队提出的新颖的方案是，在珠粉色的外墙上镶嵌大大小小不规则的窗户。它是通过钢板混凝土结构来实现的。

在法规上是钢结构。内外2张钢板中间填充混凝土，构成薄而坚固的外墙。且只有4面外墙承重，14m×17m的平面内没有柱子。这个结构方案是佐佐木睦朗先生提出的。

这种钢板混凝土结构，不但方型筒的外墙很薄，还有一个很大的特点是能自由设置开口。在钢筋混凝土结构中建筑转角处很难设置开口，在钢板混凝土结构中成为可能。但是，不太适合在转角处开门，因转角处应力集中，钢板容易龟裂。此外，如设置方型整体的网格状窗子时，因形状类似柱梁的钢筋混凝土结构，需要考虑弯矩。

钢板的厚度根据内外墙，以及墙的位置的变化而变化。外侧的钢板沿道路一侧的西南面是12mm，另一侧的东北面是9mm。内侧的钢板根据位置的不同厚度是6~12mm。

从西侧看。珠粉色的墙面随着时间和天气的变化也会有所变化。
含女儿墙建筑高度为56.5m

五层多功能厅。有穿越地面的门窗。地面和建筑钢板主体接合，具有防止外墙压曲的作用

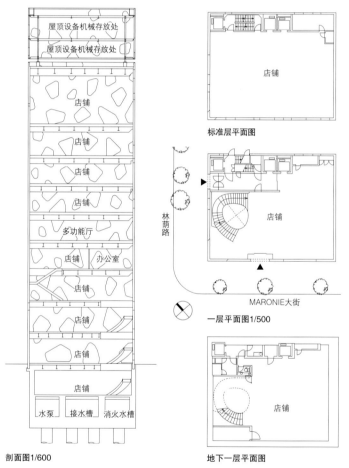

剖面图1/600

标准层平面图

一层平面图1/500

地下一层平面图

MIKIMOTO Ginza 2

所在地●东京都中央区银座2-4-12　主要用途●店铺、事务所　地域·地区●商业地域、防火地域、功能更新型高度利用地区（银座地区）　建筑密度●86.20%（容许100%）容积率●799.67%（容许800%）　用地面积●275.74㎡　占地面积●237.69㎡　建筑总面积●2205.02㎡　结构·层数●S结构（钢板混凝土结构）、地下层：壁式RC结构、地下1层·地上9层　主要跨度●11.60m×17.10m　高度●最高高度47.90m、檐高47.10m　层高●地下一至三层·八层5.00m、四至七层4.50m、九层9.00m　委托建设单位（甲方）●MIKIMOTO　设计·监理●建筑：伊东丰雄建筑设计事务所（伊东丰雄）+大成建设（芝山哲也）结构：佐佐木睦朗结构设计研究所（佐佐木睦朗）+大成建设（早部安弘）设备：大成建设（岚城太郎）　设计协助●外部照明：照明设计（东海林弘靖）施工●大成建设（北口雄一）施工协助●电气：弘电社　空调卫生：高砂热学工业　外部照明：中爱、RESIPPU　设计时间●2003年8月~2004年11月　施工时间●2004年11月~2005年11月
[外部装饰] 外墙●厚度t=9·12的钢板上喷珠粉色表涂（低污染型氟树脂涂装）　外围配件●铝窗+平板玻璃、高透明玻璃、耐热钢化玻璃

SUMIKA展示馆

栃木县宇都宫市
设计：伊东丰雄建筑设计事务所

如从树叶空隙透过的阳光营造团圆的场

排除直角的架构

建在宇都宫市的东京燃气今泉调压所内

SUMIKA项目是想通过住居的新提案，从而达到体验感受提高燃气质量的新型生活方式的效果。总设计师伊东丰雄先生设计了该项目中的信息设施建筑"SUMIKA展示馆"。此建筑建在JR宇都宫站附近的东京燃气今泉调压所内。

"想象在盛开的樱花树下，大家一起吃饭的情景"。在建筑用地里有一棵很大的樱花树，所以伊东先生有了这样一个构思。

SUMIKA展示馆就是与几米外的樱花树相呼应的建筑。边长9m、高3.3m的正方体外形基本上是由120°接合的框架组成的。从像树干似的4根柱子，展开了像树枝一样架构。各部件的接合，内部都使用了钢筋，并用环氧树脂粘合剂固定。

"很多现代建筑都是直角组合的，但在自然界，像蜜蜂窝一样以60°、120°为基础构成立体的东西很多。为了接近自然系统，考虑了新的几何学"（伊东先生）。集成材框架的外侧，分别镶有FRP和钢化玻璃。站在室内，有置身于从树叶空隙间透过的阳光之中的感觉。

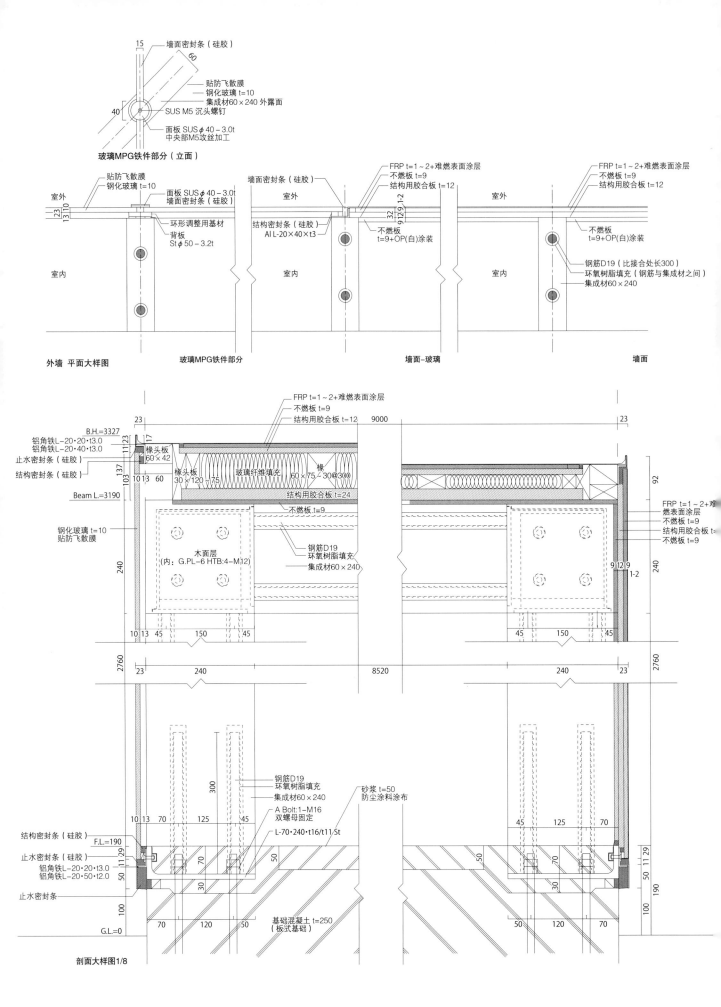

墙面密封条（硅胶）

贴防飞散膜
钢化玻璃 t=10
集成材60×240 外露面
SUS M5 沉头螺钉
面板 SUS φ40−3.0t
中央部M5攻丝加工

玻璃MPG铁件部分（立面）

贴防飞散膜
钢化玻璃 t=10
室外
面板 SUS φ40−3.0t
墙面密封条（硅胶）
环形调整用基材
背板
St φ50−3.2t
室内

外墙 平面大样图

墙面密封条（硅胶）
室外
结构密封条（硅胶）
AI L-20×40×t3
不燃板
t=9+OP(白)涂装
室内

玻璃MPG铁件部分

FRP t=1～2+难燃表面涂层
不燃板 t=9
结构用胶合板 t=12
室外
不燃板
t=9+OP(白)涂装
室内

墙面−玻璃

FRP t=1～2+难燃表面涂层
不燃板 t=9
结构用胶合板 t=12
室外
不燃板
t=9+OP(白)涂装
钢筋D19（比接合处长300）
环氧树脂填充（钢筋与集成材之间）
集成材60×240
室内

墙面

FRP t=1～2+难燃表面涂层
不燃板 t=9
结构用胶合板 t=12

B.H.=3327
铝角铁L-20·20·t3.0
铝角铁L-20·40·t3.0
止水密封条（硅胶）
结构密封条（硅胶）

Beam L.=3190

钢化玻璃 t=10
贴防飞散膜

橡头板 60×42
橡头板 30×120
玻璃纤维填充
60×75−30@300
橡
结构用胶合板 t=24
不燃板 t=9

木面层
(内：G.PL-6 HTB:4−M12)

钢筋D19
环氧树脂填充
集成材60×240

FRP t=1～2+难燃表面涂层
不燃板 t=9
结构用胶合板 t=
不燃板 t=9

钢筋D19
环氧树脂填充
集成材60×240
A Bolt:1−M16
双螺母固定
L-70·240·t16/t11 St

砂浆 t=50
防尘涂料涂布

结构密封条（硅胶）
F.L.=190
止水密封条（硅胶）
铝角铁L-20·20·t3.0
铝角铁L-20·50·t2.0
止水密封条

基础混凝土 t=250
（板式基础）

G.L.=0

剖面大样图1/8

左上　SUMIKA展示馆内部
右上　4根集成材的柱子支撑着框架，面积为9m见方
左下　外装修为白色的FRP防水饰面和钢化玻璃
右下　南侧外观。看起来很复杂，是用120°的角度接合的六角形组成的

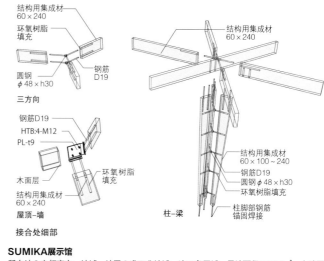

结构用集成材
60×240

环氧树脂
填充

圆钢
φ48×h30

结构用集成材
60×240

钢筋
D19

三方向

钢筋D19
HTB:4-M12
PL-t9

木面层

环氧树脂
填充

结构用集成材
60×240

结构用集成材
60×100～240

钢筋D19

圆钢φ48×h30

环氧树脂填充

柱脚部钢筋
锚固焊接

屋顶-墙

柱-梁

接合处细部

换气窗

樱花树(-既存)

水池（既存）

桌子
GHP室内机

换气窗

GHP
室外机

起居室

上部
顶部采光

平面图1/250

SUMIKA展示馆

所在地●宇都宫市　地域·地区●准工业地域、法22条区域　用地面积●6622㎡　占地面积●81㎡　建筑总面积●81㎡　结构·层数●木结构、地上1层　室内净高●2.991m　委托建设单位（甲方）●东京燃气　设计·监理●伊东丰雄建筑设计事务所（伊东丰雄）　设计协助●结构：OOKU结构设计（新谷真人）、设备：环境工程公司（和田隆文）　施工●TOYOTAUDDOYUUHOOMU（斋藤宰）　设计时间●2007年4月～2008年3月　施工时间●2008年7月～11月

国立新美术馆

东京都港区

设计：黑川纪章建筑都市设计事务所·日本设计JV

一层入口周围。左边是保留了部分原
陆军步兵第三连队兵营的别馆。美术
馆侧是半透镜面玻璃，映入的风景同
美术馆的立面融为一体。右边雨棚下
面是放伞处

蜿蜒的曲面给空间以紧张感
产生连接内外的中间领域

大大的曲面玻璃幕墙和绿色的广场迎接着来馆者。这是日本第5个相隔30年新建的国立美术馆，地址在东京乃木坂。该美术馆用于企划展、公开招募展等，没有收藏品。第一个年度来馆人数300万人，远远超出了当初预计的150万人。

设计者是公开招标选拔出的黑川纪章建筑都市设计事务所和日本设计公司的合资公司。南面蜿蜒的幕墙，象征着黑川纪章先生一贯主张的"共生的思想"，产生了连接外部和内部的中间领域。根据前厅的倒圆锥形构筑物的距离和空间的紧张感，反反复复地调整，得到了最合适的曲面。

竖向窗框由剖面115mm×515mm的扁钢弯曲加工而成。拱分为2类，2段或3段，并在现场焊接。每间隔约2000mm将设置的窗框由桁架连接，构成了刚性构架，承担屋顶的荷载和地震力。

在窗框的外侧安装了厚22mm的扁钢。可安装左右玻璃面，同时还遮西阳。清扫用机器人的轨道也安装在这个部分。

在双层玻璃墙面的外侧，设置了防紫外线和太阳热的遮阳板。采用中间层为玻璃印刷膜的夹层玻璃，每列约上下排列40张。

在施工上，最重要的是窗框的安装。根据结构分析预测了安装后的"膨胀量"。通过严格的精度管理，实现了与图纸一致的施工。

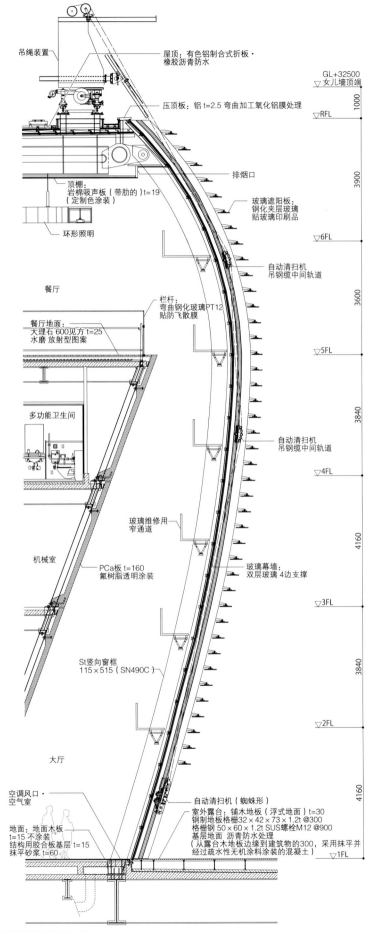

南侧幕墙剖面大样图1/120

从外部仰视南侧的幕墙。突出的墙面上的各个遮阳板使用了前面是弧形的玻璃

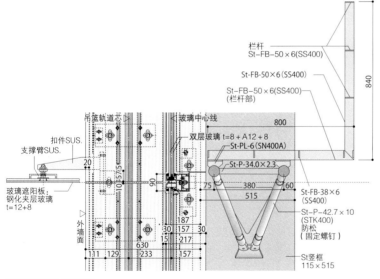

栏杆
St-FB-50×6(SS400)

St-FB-50×6(SS400)

St-FB-50×6(SS400)
（栏杆部）

吊篮轨道芯
扣件SUS.
支撑臂SUS.
玻璃中心线
双层玻璃 t=8 + A12 + 8
St-PL-6(SN400A)
St-P-34.0×2.3
玻璃遮阳板：
钢化夹层玻璃
t=12+8
外墙面
St-FB-38×6
(SS400)
St-P-42.7×10
(STK400)
防松
（固定螺钉）
St竖框
115×515

800

840

380
515
75
60
90
20
10·5/25
187
30　157　30
15　217
111　129　233　157
630

南侧幕墙剖面大样图1/20

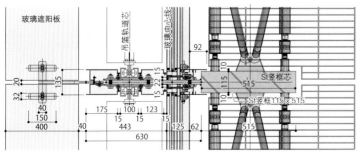

玻璃遮阳板
吊篮轨道芯
玻璃中心线
St竖框芯
92
115
515
St竖框115×515
135
32
20
40
150
400
175　100　123
15　15
443
125　62
630
40
10
515
15　22　15

南侧幕墙平面大样图1/20

建筑用地与地铁乃木坂站（建筑物左上）相邻。从六本木和乃木坂两个方向均可到此馆。利用用地的地面高差与相邻住宅地产生一定的距离，缓解了压迫感，确保了日照。右下是政策研究大学院大学

通往六本木方向的入口。幕墙的竖框是将钢条分成2段或3段运到现场，在现场焊接完成的。同支撑窄通道的钢材一起形成了结构体。地面用15mm厚的铁木铺设

三层的"BRASSERIE PAUL BOCUSE Le Musee"。这是一个在欧洲旅行指南上重点介绍的具有40年历史的三星级餐厅，在此可轻松品尝到PAUL BOCUSE先生的手艺

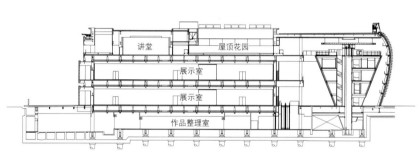

南北剖面图 1/1200

总平面图1/5000

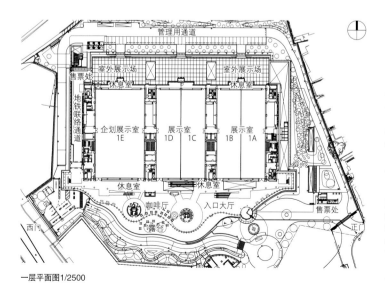

一层平面图1/2500

国立新美术馆

所在地●东京都港区六本木7-22-1　地域·地区●第一类居住地域·紧邻商业地域、防火地域·准防火地域　建筑密度●43.3%（容许61.37%）容积率●166.13%（容许306.87%）用地面积●29998m²占地面积●12989m²　建筑总面积●49834m²　结构·层数●S结构·地下部分SRC结构、地下2层·地上6层·楼顶间1层　高度●最高高度33.269m、檐高29.539m、层高3.340～4.160m　事业单位●文化厅　委托建设单位（甲方）●文部科学省　设计·监理●黑川纪章建筑都市设计事务所·日本设计JV（代表：黑川纪章）施工●建筑Ⅰ工区：鹿岛·大成建设·松村组JV（大野平雄）、建筑Ⅱ工区：清水建设·大林组·三井住友建设JV（田中纯一）、电气Ⅰ工区：KINDEN·中央电气工事·成濑电气工事JV、电气Ⅱ工区：关电工·北海电气工事·和光电机JV、空调Ⅰ工区：DAIDAN·东洋热工学·经塚工业JV、空调Ⅱ工区：高砂热学工业·新日本空调·日设JV、卫生Ⅰ工区：川崎设备工业、卫生Ⅱ工区：不二热学工业、特殊消火设备：YAMATOPUROTEKKU、升降机：FUJITEKKU　设计时间●2000年2月～2002年3月　施工时间●2002年7月～2006年5月　总工费●350亿日元

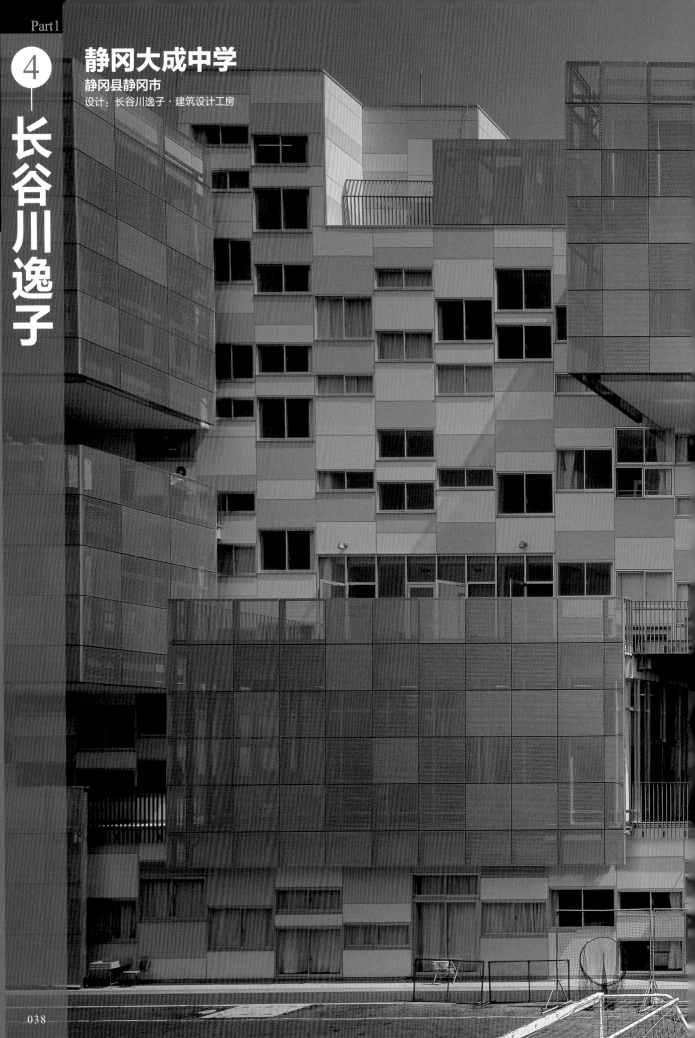

④

长谷川逸子

静冈大成中学

静冈县静冈市

设计：长谷川逸子·建筑设计工房

设计：长谷川逸子·建筑设计工房

组装成品
表现个性

以前该校是女子学校，名为静冈精华，后改为普通学校，改名为静冈大成。借这个机会，改建了校舍，设计是长谷川逸子女士。将以前的几座校舍拆掉，建成了6层的校舍。二至四层是一般教室，五至六层是特别教室。各层都设有学生能够聚集的大厅。

为了在严峻的预算中创作个性，采用了4种成品窗户和挤压成型水泥板组合来表达建筑立面。为了给容易单调的外观和室内带来欢快感和变化，在色彩上也进行了设计。

因为外墙的水泥板宽度相同，所以涂成了2种颜色，使其有了微妙的变化。宽幅相同的窗子使用了600mm、900mm、1110mm、1300mm 4种高度的成品，固定在避难、采光不可缺少的地方，其他的部分根据平衡调控不规则地配置。窗子上下连接的部分，为了避免密封带宽度过大，把密封带分成了2段，中间夹着滴水槽。

面向操场的特别室和大厅是玻璃幕墙，为了防球、遮光、隐蔽，外侧加上了3种穿孔铝板。

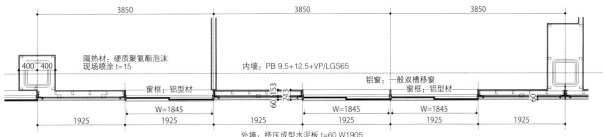

隔热材：硬质聚氨酯泡沫
现场喷涂 t=15

内墙：PB 9.5+12.5+VP/LGS65

铝窗：一般双槽移窗
窗框：铝型材

400 400

窗框：铝型材

3850　3850　3850

W=1845　W=1845　W=1845

60 153　213　60

1925　1925　1925　1925　1925　1925　1925

外墙：挤压成型水泥板 t=60 W1905
速硬防滑层现场涂装

外墙平面大样图1/80

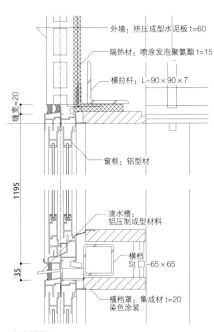

外墙：挤压成型水泥板 t=60
隔热材：喷涂发泡聚氨酯 t=15
横拉杆 L−90×90×7
窗框：铝型材

缝宽=20
1195
35

滴水槽：
铝压制成型材料
横档
St □−65×65
横档罩：集成材 t=20
染色涂装

A部大样图1/8

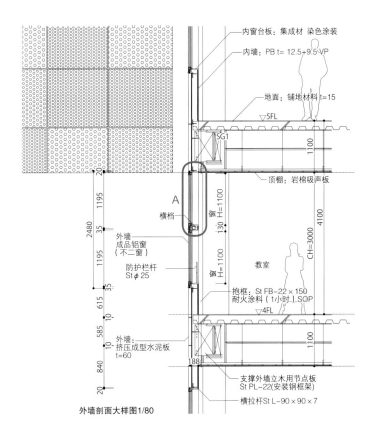

内窗台板：集成材 染色涂装
内墙：PB t=12.5+9.5 VP
地面：铺地材料 t=15
▽5FL
SG1
顶棚：岩棉吸声板

外墙
成品铝窗
（不二窗）
防护栏杆
St φ25

A
横档

窗 H=1100
130 1100
窗 H=1100
35
615
10

2480
1195
1195

教室
CH=3000
4100
1100

抱框 St FB−22×150
耐火涂料（1小时）SOP
▽4FL

外墙：
挤压成型水泥板
t=60

585
10
840
188
20

支撑外墙立木用节点板
St PL−22(安装钢框架)
横拉杆St L−90×90×7

外墙剖面大样图1/80

沿东南道路的立面
是平坦的，凹进的
部分是走廊的采光
阳台

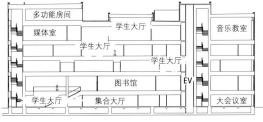

多功能房间
媒体室
学生大厅
学生大厅
学生大厅
图书馆
学生大厅
集合大厅
大会议室
音乐教室
EV

剖面图1/1000

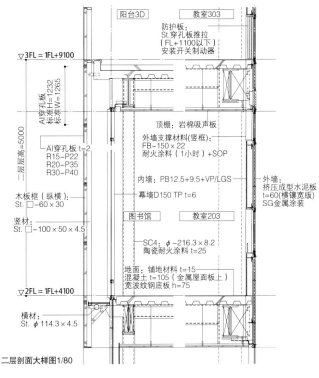

阳台3D　教室303
防护板：
St.穿孔板推拉
（FL+1100以下）
安装开关制动器

▽3FL = 1FL+9100

Al穿孔板H=1232
标准H=1265

Al穿孔板 t=2
R15-P22
R20-P35
R30-P40

木板框（纵横）：
St. □−60×30

竖材：
St.□−100×50×4.5

一层层高=5000
二层层高=5000

顶棚：岩棉吸声板
外墙支撑材料（竖框）：
FB−150×22
耐火涂料（1小时）+SOP
内墙：PB12.5+9.5+VP/LGS
幕墙D150 TP t=6

外墙：
挤压成型水泥板
t=60(横镶宽版)
SG金属涂装

图书馆　教室203

SC4：φ−216.3×8.2
陶瓷耐火涂料 t=25

地面：铺地材料 t=15
混凝土 t=105（金属屋面版上）
宽波纹钢底板 h=75

▽2FL = 1FL+4100

横材：
St. φ114.3×4.5

二层剖面大样图1/80

左上　西北侧。利用突出部分的上部做了露台。从三层的学生大厅可出入露台，从露台也可直接去二层、四层

右上　四层和五层的学生大厅是被吹拔空间连在一起的有一体感的空间。中午时分这里有很多学生，非常热闹

下　从二层走廊观望。一层和二层的学生大厅通过大楼梯连在了一起。正面是镶有玻璃的图书馆，右侧是一排教室

用地周围都是建筑。为了尽量使操场大一些，所需房间全放在一栋6层楼建筑里。由于窗子较多，周围居民担心会有视线干扰

总平面图 1/3000

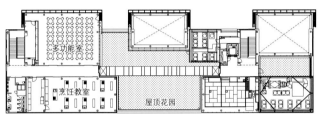

六层平面图

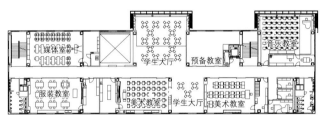

五层平面图

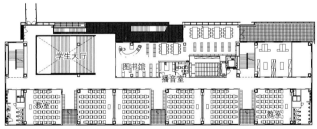

二层平面图

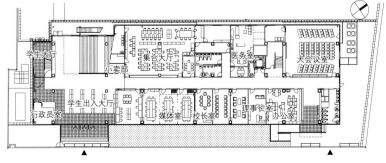

一层平面图 1/800

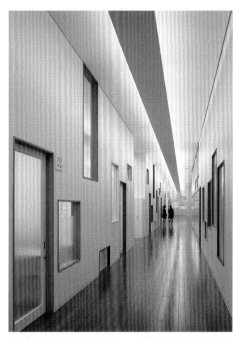

二层走廊。顶棚比其他层高90cm。走廊侧面门窗的框涂上了各种各样的颜色，使长走廊产生了愉悦的气氛

静冈大成中学

所在地●静冈市鹰匠 地域・地区●商业地域、准防火地域 建筑密度●32.12%（容许80%） 容积率●111.59%（容许400%） 用地面积●8313.98㎡ 占地面积●2894.72㎡（新校舍1428.66㎡） 建筑总面积●9502.00㎡（新校舍6946.89㎡） 结构・层数●S结构、地上6层 高度●最高高度30.075m，檐高26.64m、一、三、四、六层室内净高3.0m、二、五层室内净高3.9m 主要跨度●11.55m×6.60m 委托建设单位（甲方）●学校法人静冈精华学园 设计・监理●长谷川逸子・建筑设计工房（长谷川逸子） 设计・监理协助者●结构：MUSA研究所（磐田正晴）、设备：森村设计（机械：汤泽健、电气：池田庄弘） 施工●建筑：鹿岛（三浦达男） 施工协助●空调：大成温调（酒井勉）、卫生：ZA・TOOKAI（天田寿人）、电气：SIZUDEN（诹访部刚弘） 设计时间●2002年5月~2003年6月 施工时间●2003年9月~2004年10月 [外部装饰]外墙●挤压成型水泥板 t=60mm + 超强保护陶瓷涂装、铝穿孔金属板 t=2mm+ZAM 外围装配件●一般双槽移动铝窗、铝幕墙

⑤

山本理显

横须贺美术馆

神奈川县横须贺市
设计：山本理显设计工场

通过钢板和玻璃双层表皮
将自然光引入室内

从观音崎公园侧看屋顶部分。从屋顶也可进入美术馆。眼前是辽阔的东京湾。山本说："屋顶在这个美术馆中是最重要的场所"

左　从二层图书馆看入口方向　　右　餐厅、研究室的前面有大露台。挑檐遮阳格栅本身具有刚度

玻璃外皮包裹着带孔白色钢板内皮的双层表皮建筑物迎接着来馆者。本建筑由山本理显先生设计。自然光透过钢板孔引入回廊，但进不了内侧防紫外线的展示室。回廊是一个缓冲空间。

双层表皮的皮膜通过滑动支撑，由建筑中央的钢筋混凝土结构部分支撑着。但是长达18m的屋面如果仅用钢板支撑，仅自重变会弯曲，因此组成了斜格子梁的框架。

作为盐害对策，外皮使用了玻璃。双层表皮的内部有照明器具和支撑双层表皮的结构体。为了不给它们增加负担，温度控制在45℃以下。外气通过防止盐害对策的过滤器后引入，上升空气的出口很少。换气设置了水冷式的空调机，将空气冷却到需要温度。

冬天夜间，受双层表皮的影响，常设展示画廊容易干燥。因此，常用湿度传感器控制空调，将湿度控制在45%以上。

从南侧光庭看双表层皮结构

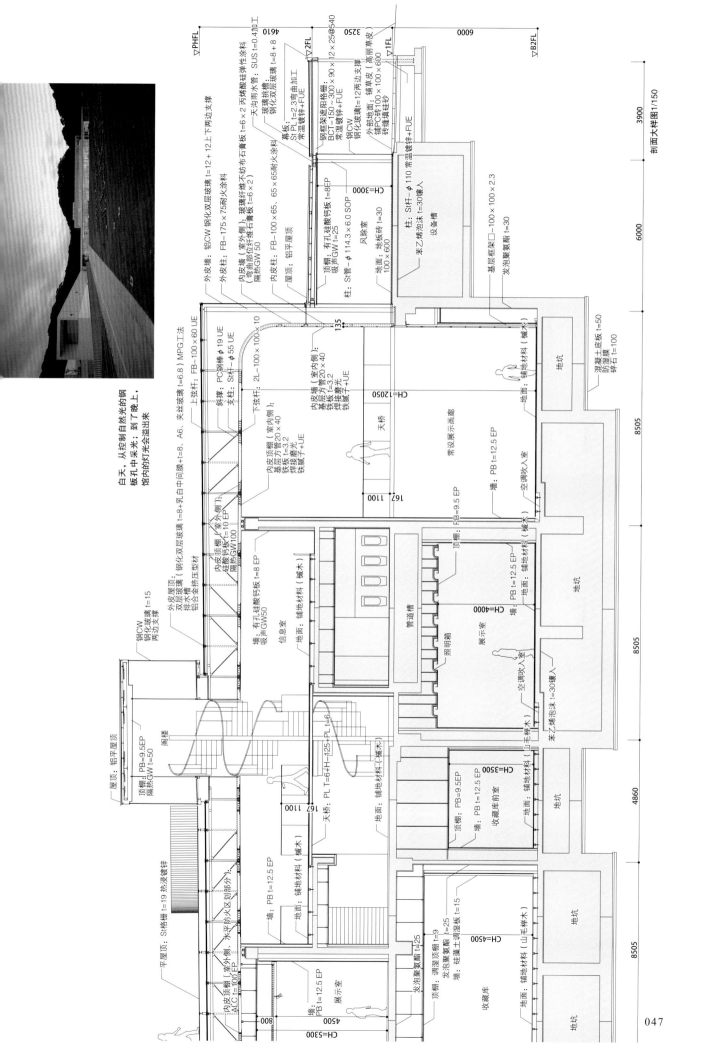

上　入口大厅。二层是信息室
左　地下二层的常设展示画廊。上面是一层入口和入口大厅的联络桥。眼前看到的一排雕塑作品是"生存"展览中的矢延宪司先生的作品

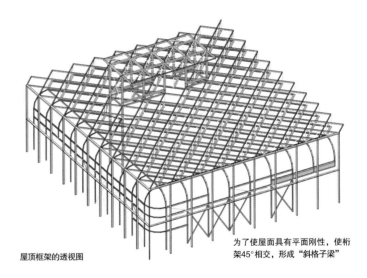

屋顶框架的透视图

为了使屋面具有平面刚性，使桁架45°相交，形成"斜格子梁"

横须贺美术馆

所在地●神奈川县横须贺市鸭居4-1　地域・地区●防火无指定地区、城市规划区域内、市区化调整区域、第一类风景地区　建筑密度●0.99%（容许30%）　容积率●1.61%（容许50%）　用地面积●703646.71㎡　占地面积●4234.42㎡（原有2715.88㎡）　建筑总面积●12095.15㎡（原有2203.61㎡）　结构・层数●RC结构、一部分S结构、地下2层・地上2层　委托建设单位（甲方）・运营者●横须贺市　设计・监理●山本理显设计工场（山本理显）　设计协助者●结构：结构设计PURASU・WAN（金田胜德）、设备：综合设备设计（西胁康夫）、外部结构：创和设计（藤井良三）、栽植：GA山崎（山崎诚子）、防灾设计：安宅防灾设计（铃木贵良）、标识设计：广村设计事务所（广村正彰）、昭明设计：YAMAGIWA PDC（饭塚千惠里）、预算：高轮建筑事务所（高轮和宏）、家具设计：山本理显设计工场、近藤康夫设计事务所（近藤康夫）、设计顾问：小田野泰明　施工●建筑：鹿岛（平吹雄雄）、机械设备：DAIDAN（波多雄次）、电气设备：东电同窗电气（星敏彦）、绿化：川久保造园土木（小漱希代巳）　设计时间●2002年4月～2004年3月　施工时间●2004年12月～2006年7月　开馆日●2007年4月28日　总工费●40亿2970万日元

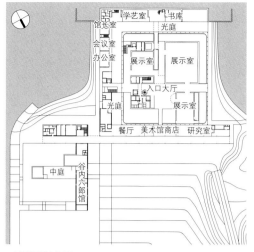

一层平面图 1/2000

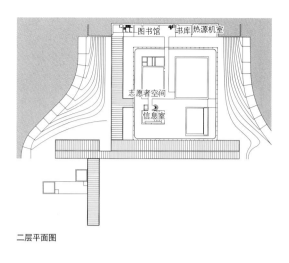

二层平面图

总平面图1/4000

地下一层平面图

地下二层平面图

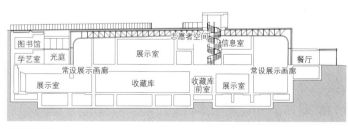

剖面图1/800

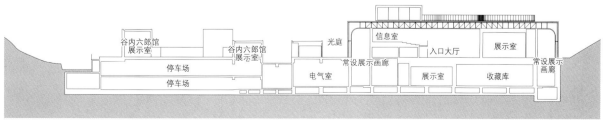

剖面图1/800

6 — 山梨知彦+胜矢武之

木材会馆
东京都江东区
设计：日建设计、NSD

用1000m³的实木方条装饰而成的办公大楼

从面向广场的西侧仰视。看着像厚板，其实是用木方排列构成。外侧已经变了颜色。"办公楼竣工时是最漂亮的，但是随着时间的推移、木材的变色，木材的老化也是这个建筑的魅力之一。"（山梨先生）

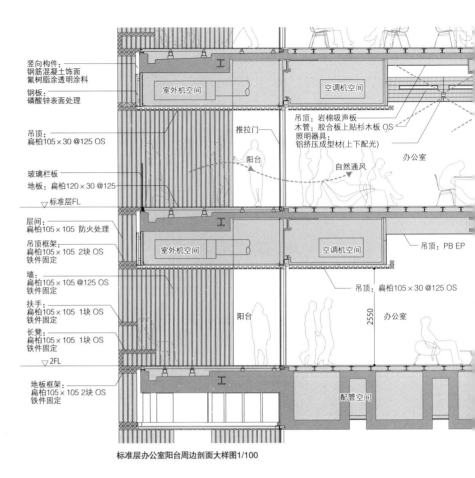

竖向构件：
钢筋混凝土饰面
氟树脂涂透明涂料

钢板：
磷酸锌表面处理

吊顶：
扁柏105×30 @125 OS

玻璃栏板
地板：扁柏120×30 @125

▽标准层FL

层间：
扁柏105×105 防火处理

吊顶框架：
扁柏105×105 2块 OS
铁件固定

墙：
扁柏105×105 @125 OS
铁件固定

扶手：
扁柏105×105 1块 OS
铁件固定

长凳：
扁柏105×105 1块 OS
铁件固定

▽2FL

地板框架：
扁柏105×105 2块 OS
铁件固定

室外机空间　空调机空间

吊顶：岩棉吸声板
木管：胶合板上贴杉木板 OS
照明器具：
铝挤压成型材(上下配光)

推拉门

阳台　自然通风

办公室

室外机空间　空调机空间

吊顶：PB EP

吊顶：扁柏105×30 @125 OS

阳台　2550　办公室

配管空间

标准层办公室阳台周边剖面大样图1/100

上　阳台使用木材的部分，使墙、栏杆的位置上下层有了改变，形成了有变化的正面
中　同走廊一体的阳台。也是休息与交流的场所。吊顶部分安装了空调室外机
下　办公室内部。直射日光被阳台遮住，但可通过走廊的玻璃采光。走廊侧低下来的吊顶部分安装内部空调机

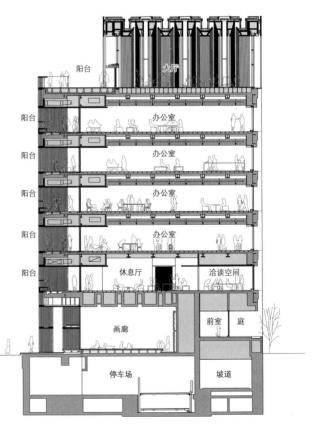

阳台　大厅

阳台　办公室

阳台　办公室

阳台　办公室

阳台　办公室

阳台　休息厅　洽谈空间

开放空地　画廊　前室　庭

停车场　坡道

剖面图1/400

木材会馆

所在地●东京都江东区新木场1–18　地域·地区●准工业地域、防火地域　建筑密度●61.18%（容许70%）　容积率●399.59%（容许399.6%、根据综合设计的放宽容积率）　停车台数●27台　用地面积●1625.90㎡　占地面积●1101.26㎡　建筑总面积●7582.09㎡　结构·层数●SRC结构·一部分木结构及RC结构、地下1层·地上7层　基础·桩●现场浇灌混凝土桩　高度●最高高度35.730m、檐高35.015m、层高4.2m、室内净高3.740m　主跨度●20.925m×5.4m　委托建设单位（甲方）●东京木材批发协会　设计·监理●日建设计（总负责：山梨知彦、建筑：胜矢武之/NSD、结构：向野聪彦、电气：原耕一郎、空调：杉原浩二、监理：片冈千夫）　设计协助·照明：Lighting M(森秀人)　施工●大成建设（森山多加浩）　施工协助·空调：大成设备（山本英树）、电气：冲UINTEKKU（伊泽孝志）　设计时间●2005年3月～2006年12月　施工时间●2007年11月～2009年6月　开业日●2009年7月5日
[外部装饰] 外墙●杉木清水混凝土饰面氟树脂涂装、扁柏105×105@125 OS　外围装配件●钢窗磷酸锌表面处理、铝窗2次电解着色　外构●铺六方石、碎石

木材会馆是为了纪念东京木材批发协会创立100周年而建的，是协会的办公兼出租的办公楼。内外装修共使用日本产木材约1000m³。

理事长吉条良明先生说："希望此建筑能作为下一个100年木材需要量扩大的里程碑"。担任设计的日建设计设计部门副代表山梨知彦先生说："目的是努力成为使用木材的城市中心办公楼的典范"。

外装材料是105mm见方的扁柏木枋。主采光面的西侧设有阳台，木枋柱状排列，遮住了混凝土的结构体。办公楼大都采用双层立面，用百叶窗调节光照，但这个建筑物是采用外廊连接阳台和走廊的手法解决的。

山梨先生说："西侧一般不作为主采光面，但正因为是西侧采光，才达到了预期的效果"。

内部吊顶的空调机、管子是用木材遮蔽,除此之外的吊顶往上折,确保了3.74m的室内净高。从规模和用途来看，内装本应使用防火材料，但因为避难安全检证法的检测合格，室内也全部使用了未经防火处理的原木。

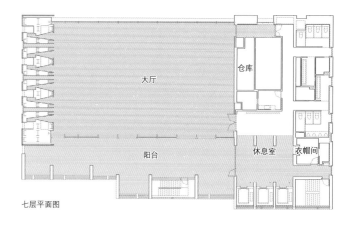

七层平面图

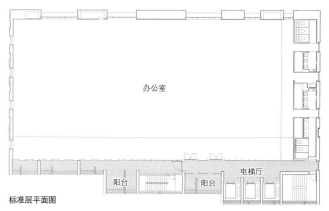

标准层平面图

二层平面图

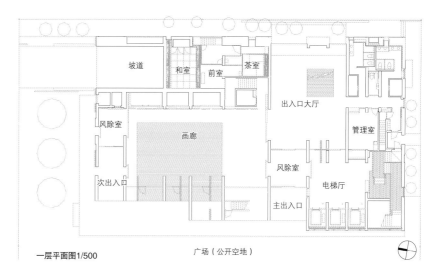

一层平面图1/500　　广场（公开空地）

七层大厅。利用传统的斜嵌大栓结合的梁，安装在八字形断面的大梁上（参考下图）。由于是倾斜的，能起到接受来自侧面的力的作用，还能从天窗采光

结构体：扁柏115×115
斜嵌大栓结合
木栓：白柞木40×80×115
通长螺栓 M16
同水平部件的连接部位

木板：
扁柏115×115

高侧窗采光
雨水槽：防水卷材

大厅屋顶：
铝板 t=2
改质沥青纸毡
防火屋面板
木结构体

自然光
（扩散光）

自然光
（直接光）

顶部采光
电动卷帘
木结构体：扁柏115×115

900

结构体立面

窗：钢窗

窗帘（遮光/遮挡视线）
遮雨檐：铝板 t=2.0
推拉窗：钢 W=2700

阳台

扶手：扁柏115×115

平台：扁柏120×30

自然通风

地面：山毛榉原木地板

大厅

办公室

空调管道空间

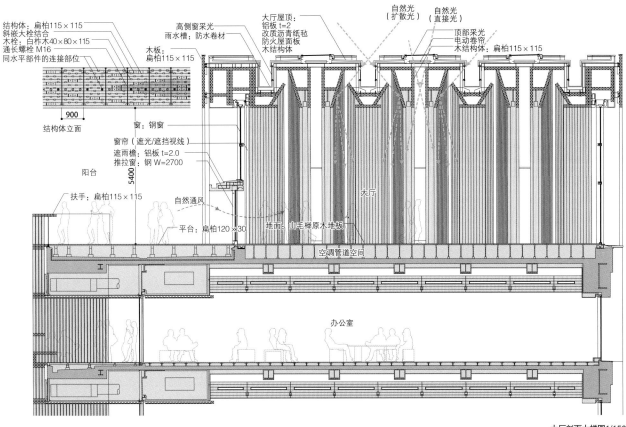

大厅剖面大样图1/150

左 从西北方向观望。左前方是新木场站。北面的墙面除扁柏和钢板之外，由使用了杉木模板印着木纹的清水混凝土板构成

右 一层画廊。中央的扁柏舞台比地面高，即使没有使用说明，也会脱了鞋再上去

通过关键词看开口部

收集了2005年以后完成的有特点并受大家关注的开口部项目，可分为3类：
灵活运用格子等和风（日式风格）的要素；
整面墙采用玻璃处理的手法，同外部空间一体化；
利用钢结构的轻盈感，使开口部看起来很流畅。

灵活运用和风题材

① 三得利美术馆

东京都港区

设计：隈研吾建筑都市设计事务所（外装·框架、美术馆）、
日建设计（外装修·框架·设备）

用8mm厚的竖格栅表现纤细

三层通高的吹拔空间的展示室，
周围配置了电动式的双面格栅

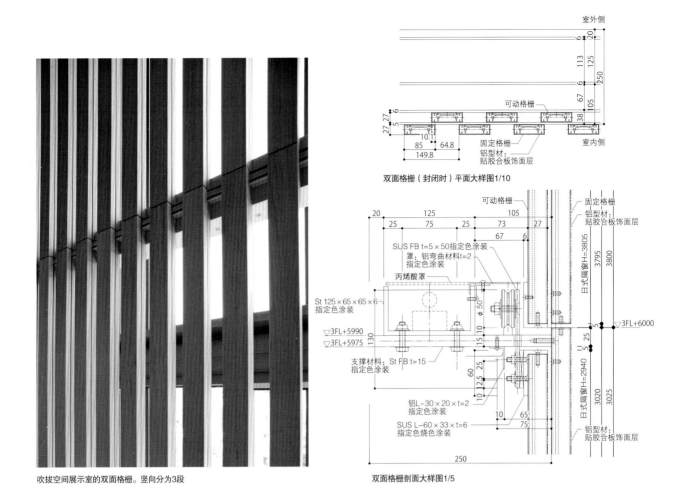

室外側

可动格栅

固定格栅

铝型材：
贴胶合板饰面层

室内侧

双面格栅（封闭时）平面大样图1/10

可动格栅

固定格栅

铝型材：
贴胶合板饰面层

日式隔窗H=3805

3795

3800

SUS FB t=5×50指定色涂装

罩：铝弯曲材料t=2
指定色涂装

丙烯酸罩

St 125×65×65×6
指定色涂装

▽3FL+5990
▽3FL+5975

3FL+6000

▽3FL+6000

支撑材料：St FB t=15
指定色涂装

日式隔窗H=2940

3020

3025

铝L–30×20×t=2
指定色涂装

SUS L–60×33×t=6
指定色烧色涂装

铝型材：
贴胶合板饰面层

双面格栅剖面大样图1/5

吹拔空间展示室的双面格栅。竖向分为3段

展示室。吊顶格栅使用泡桐木。地板是威士忌木桶材料的再利用

面向北侧的六层会员沙龙

三层平面图1/1000

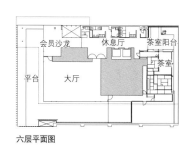

六层平面图

南北剖面图1/1000

东西剖面图

外墙排列着细长的竖向格栅。格栅是在白色陶瓷板上贴的铝板。陶瓷板的厚度是13mm，但把从外侧看到的端部做薄只有8mm厚。从铝板侧看，只能看到一点陶瓷板。

1961年，三得利美术馆在东京·丸之内开馆以来，以"生活中的美"为基本理念。2007年，在TOKYO MIDTOWN开业的同时，在六本木开始了新的发展，但其理念没有变。

该美术馆的主要收藏品不是绘画、雕刻等美术作品，而是实际使用的器物等。设计者隈研吾先生说："表现细腻的日本生活美的点点滴滴"。

最能表现这个意图的是外墙。作为象征，选择了日本生活中非常常用的白瓷。为了表现细腻，在细部上下了工夫，让大家看到的白瓷只有8mm厚。

内部空间也反映出了这个基本理念。三层高的室内净高9.3m的展示室窗侧设置了日本传统的双面格栅。通过格栅的开闭微妙地调节外来的光量，表现出细腻的空间氛围。

三得利美术馆

所在地●东京都港区赤坂9-7-4东京MIDTOWN GARDENSIDE　主要用途●美术馆　地域·地区●商业地域、第二类居住地域　建筑总面积●约4700㎡　层数●地下3层·地上6层　高度●最高高度37.3m，檐高30.9m，层高4.4～6m、室内净高2.5～9.3m　委托建设单位（甲方）●美术馆：三得利控股（suntoryholdings）　外装修·框架：三井不动产、全国共济农业协同组合连合会、明治安田生命保险、富国生命保险、积水house、大同生命保险　设计·监理●建筑/外装修·框架：隈研吾建筑都市设计事务所（隈研吾）、日建设计（白井大之）　建筑/美术馆：隈研吾建筑都市设计事务所（隈研吾）　结构·设备：日建设计　设计协助者●展示室楼梯结构：OOKU结构设计、竹中工务店、　展示室照明：KIRUTO设计公司　茶室（同隈研吾建筑都市设计事务所的合作者）：淡交社　商店·咖啡店（同隈研吾建筑都市设计事务所的合作者）：MYUUPURANNINGU&OPEREETAAZU　标识：SAN·ADO　展示室空气环境评价：竹中工务店　展示顾问：SUTAJIOREGARO　和纸：门出和纸　纱（网眼织物）：NUNO　项目监理●日建设计　施工●美术馆：竹中工务店　外装修·框架：竹中工务店·大成建设JV　设备：竹中工务店、浅海电气工事（电气）、新菱冷热工业（空调）、三建设备工业（卫生）　茶室：淡交社、中村外二工务店　展示柜：KOKUYOFUANITYAA　特制家具：内外TEKUNOSU　设计时间●2004年4月～2006年4月　施工时间●2004年5月～2007年1月

[外部装饰]屋顶●氟化镀铝锌合金钢板 t=0.8mm平屋顶、沥青防水层上压混凝土　外墙●钢筋混凝土饰面修补后环保二氧化硅涂装、铝型材板氟树脂指定色烧色涂装、双顶头长瓷砖　外围装配件●大型瓷砖格栅一体型铝幕墙、铝幕墙、不锈钢窗　露台●铁木　茶室露台●地面：BEDONIA GRAY STONE t=20mm水磨、卵石（那智黑）、墙：竹篱

用陶瓷板表现"白瓷的器"

外装以"白瓷的器"为主题进行设计，西侧外墙的幕墙安装了纤细的竖格栅，格栅间隔是60cm。白陶瓷板上贴了铝板，既能防西晒，又能确保观看建筑西侧公园的视线。每块白陶瓷板的尺寸是1110～1219mm×300mm。1106块白陶瓷板被镶进了兼作外罩的高6000mm的挤压成型的铝板中。为了外装材料更好的视觉效果，原本13mm厚的白陶瓷板，端头部分仅8mm厚。

西侧外观。左侧的庭园露台也由隈研吾先生设计

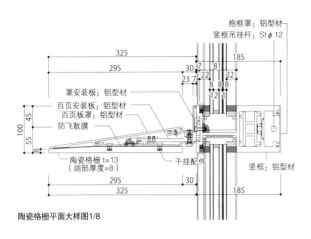

陶瓷格栅平面大样图1/8

面向正面的右侧是陶瓷，左侧是涂抹了白色烧色的铝板。陶瓷的端部稍向前凸出

银山温泉 藤屋

山形县尾花泽市
设计：隈研吾建筑都市设计事务所

为历史悠久的温泉旅馆
赋予细腻的表情

山形·银山温泉是由很多老式木结构的日式旅馆组成的很有情调的小温泉街。旅馆藤屋位于小街的中央，由大正时代建造的3层木结构老字号旅馆的改造而来。

原有的建筑物曾经增建了钢筋混凝土结构的浴室，整个建筑变得很不一致。因此，设计者隈研吾先生保留了木结构的框架，拆掉了钢筋混凝土结构部分，通过细腻的设计风格使建筑焕然一新。

关于建筑立面，隈研吾先生说："有意识地与这条街道上的建筑相协调，并考虑了抽象性和具象性的平衡问题"。墙面使用的竖格子的尺寸也同周围的尺度感相符。

引桥凉亭前面的窗子使用了浅绿色的彩色玻璃。这是通过反复试验得出的具有时代性和色调的腐蚀玻璃。为的是继承原有旅馆展望室彩色玻璃的记忆。彩色玻璃是由巴黎设有工作室的彩色玻璃设计者志田政人先生制作的。

将志田先生在法国的工厂制作的吹制玻璃，运到日本做了腐蚀加工。彩色玻璃的厚度是5mm。考虑到外墙的风压，饰面的平均厚度确保在3mm以上。根据玻璃的厚度计算出格栅的间隔尺寸。

北侧的建筑物正面。灵活运用了原有建筑框架，使内外装饰焕然一新。建筑立面使用了竖格子，同街道建筑协调一致。屋顶是原来的形状，只是做了一些维修

引桥。水池上的引桥和凉亭欢迎着客人。看到的里面的玻璃是彩色玻璃，没有多余的装饰。设计者隈研吾先生说："本想用彩色玻璃来区分内外的。中世纪前彩色玻璃是作为窗子使用的，可以说恢复了它本来的面貌。"

改装前

改装后

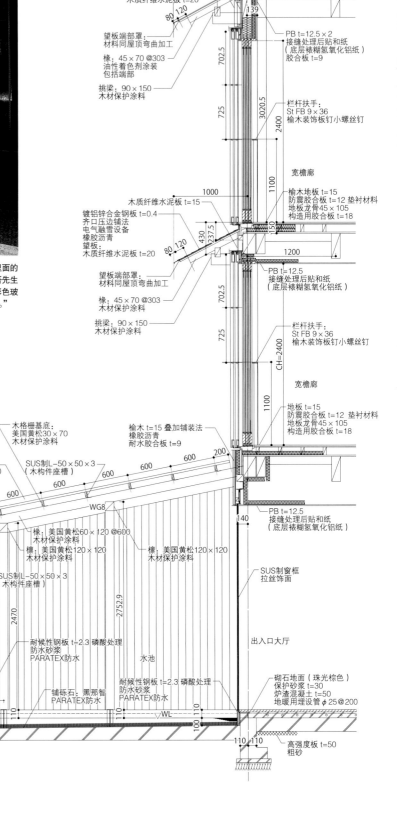

装饰格子：榆木12×40 @100
木质纤维水泥板 t=15
橡胶沥青
耐水胶合板 t=9

1000
600   400

镀铝锌合金钢板 t=0.4
齐口压边铺法
电气融雪设备
望板：
木质纤维水泥板 t=20

高压木质纤维水泥板 t=15

139

望板端部罩：
材料同屋顶弯曲加工

椽：45×70 @303
油性着色剂涂装
包括端部

挑梁：90×150
木材保护涂料

80 120

702.5

725

3020.5

2400

1100

PB t=12.5×2
接缝处理后贴和纸
（底层裱糊氢氧化铝纸）
胶合板 t=9

栏杆扶手：
St FB 9×36
榆木装饰板钉小螺丝钉

宽檐廊

榆木地板 t=15
防震胶合板 t=12 垫衬材料
地板龙骨45×105
构造用胶合板 t=18

木质纤维水泥板 t=15

镀铝锌合金钢板 t=0.4
齐口压边铺法
电气融雪设备
橡胶沥青
望板：
木质纤维水泥板 t=20

1000

80 120

430   237.5

1150

1200

PB t=12.5
接缝处理后贴和纸
（底层裱糊氢氧化铝纸）

望板端部罩：
材料同屋顶弯曲加工

椽：45×70 @303
木材保护涂料

挑梁：90×150
木材保护涂料

702.5

725

CH=2400

1100

栏杆扶手：
St FB 9×36
榆木装饰板钉小螺丝钉

宽檐廊

地板 t=15
防震胶合板 t=12 垫衬材料
地板龙骨45×105
构造用胶合板 t=18

木格栅基底：
美国黄松30×70
木材保护涂料

木格栅：
榆木30×100 @200
木材保护涂料

SUS制L−50×50×3
（木构件座槽）

榆木 t=15 叠加铺装法
橡胶沥青
耐水胶合板 t=9

350 600   600   600   600   600   600   200

WG8

WG8

椽：美国黄松60×120 @600
木材保护涂料

檩：美国黄松120×120
木材保护涂料

檩：美国黄松120×120
木材保护涂料

SUS制L−50×50×3
（木构件座槽）

PB t=12.5
接缝处理后贴和纸
（底层裱糊氢氧化铝纸）

140

SUS制窗框
拉丝饰面

出入口大厅

2470

2752.9

耐候性钢板 t=2.3 磷酸处理
防水砂浆
PARATEX防水

水池

铺砾石：黑那智
PARATEX防水

耐候性钢板 t=2.3 磷酸处理
防水砂浆
PARATEX防水

砌石地面（珠光棕色）
保护砂浆=30
炉渣混凝土=50
地暖用埋设管 φ25 @200

用地境界线

420

60 110   110   WL 110 100 110

150

110 110

高强度板 t=50
粗砂

剖面大样图1/50

一层休息室。让彩色玻璃具有区分内外的功能是由"建筑的使用功能所决定的"（隈研吾先生）

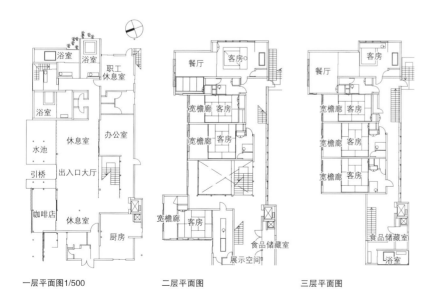

一层平面图1/500　　　　　二层平面图　　　　　三层平面图

银山温泉 藤屋

所在地●山形县尾花泽市大字银山新畑443　地域·地区●都市规划区域外、法22条地域、灾害危险区域　建筑密度●65.59%（容许70%）容积率●166.27%（容许200%）　用地面积●558.13m²　占地面积●366.09m²　建筑总面积●927.99m²　结构·层数●木结构、地下1层·地上3层　高度●最高高度12.215m、檐高8.97m　委托建设单位（甲方）●藤敦　设计·监理●隈研吾建筑都市设计事务所（隈研吾）　设计协助●结构：中田捷夫研究室（中田捷夫）、设备：森村设计（机械：冈敦郎、电气：上杉一浩）　施工●爱和建设（原正彰）　施工协助●空调·卫生：齐藤管工业（齐藤伸治）、电气：东北电化工业（矢口广和）、虫笼窗：中田建筑工房（中田秀雄）、彩色玻璃：RUPURANSU工作室（志田政人）、日本纸：共和商会（中村实博）、金属：NAGASE（长濑行广）、木部分：高桥建筑（高桥清）、木制装配件：高桥木工所（大场丰司）　设计时间●2002年4月～2005年3月　施工时间●2005年4月～2006年7月　开业日●2006年7月22日

[外部装饰] 屋顶●镀铝锌合金钢板齐口压边铺法　外墙●抹灰饰面　外围装配件●榆木窗框、彩色玻璃部分：不锈钢窗框拉丝饰面

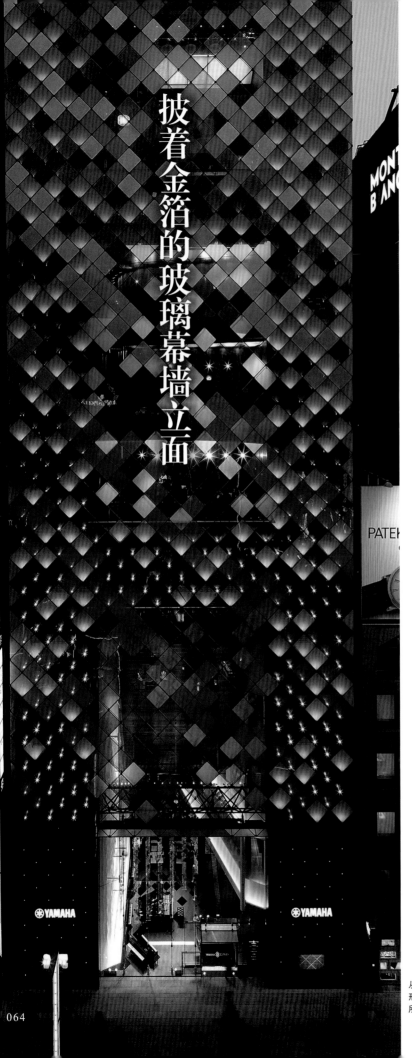

披着金箔的玻璃幕墙立面

雅马哈银座大厦

东京都中央区
设计：日建设计

　　面向东京银座中央大街的雅马哈银座大厦，有着使用了金箔的玻璃幕墙立面。设计师日建设计的执行董事矛野秀真先生说："为了突显日本雅马哈品牌的特色，采用了代表'和'的材料——金箔。在现代建筑中，这样用金箔的案例应是前所未有的"。

　　矛野先生还说道："玻璃幕墙可以使人联想到陈列箱中的木制乐器，金箔可以使人联想到金管乐器"。

　　该建筑的立面，除了乳白色和透明之外，还使用了浓淡不同的2种金箔夹层玻璃。金箔的浓淡与斜格子表现流动的音乐。与象征雅马哈的各种形象相吻合的。

　　金箔夹层玻璃的中间夹着石川县金泽市艺人手工撒上的金粉，用MPG工法（Metal Point Glazing）固定，结构采用菱形钢绳网格系统。

　　这次采用的菱形钢绳网格系统的最大部位是16m×11m。钢丝绳最长15m，初期张力5t。该系统在百年一遇的每秒约65m的最大风速时，中央可以通过向内外位移约25cm来保持不予结构分离。

从对面的CSS BUILDING屋顶看到的立面。金箔夹层玻璃，由菱形钢绳网格系统支撑，随着时间、天气的变化，观看效果也会有所不同

左上　从银座中央大街观望。该建筑地下3层、地上13层，有乐谱和乐器卖场、大厅、音乐教室3部分功能　　右上　十层的音乐教室入口

左下　一层。作为雅马哈银座大厦的正门，设置了能够举办活动的空间　　右下　从中央大街看到的夜景。金箔夹层玻璃吸收着周围的光线，看起来闪闪发光

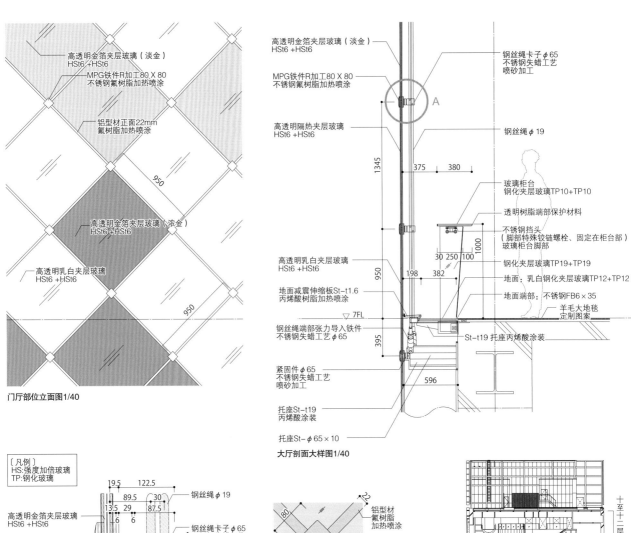

门厅部位立面图1/40

高透明金箔夹层玻璃（淡金）
HSt6 +HSt6

MPG铁件R加工80 X 80
不锈钢氟树脂加热喷涂

铝型材正面22mm
氟树脂加热喷涂

高透明金箔夹层玻璃（浓金）
HSt6 +HSt6

高透明乳白夹层玻璃
HSt6 +HSt6

高透明金箔夹层玻璃（淡金）
HSt6 +HSt6

MPG铁件R加工80 X 80
不锈钢氟树脂加热喷涂

高透明隔热夹层玻璃
HSt6 +HSt6

钢丝绳卡子φ65
不锈钢失蜡工艺
喷砂加工

钢丝绳φ19

玻璃柜台
钢化夹层玻璃TP10+TP10

透明树脂端部保护材料

不锈钢挡头
（脚部特殊铰链螺栓、固定在柜台部）
玻璃柜台脚部

钢化夹层玻璃TP19+TP19

地面：乳白钢化夹层玻璃TP12+TP12

地面端部：不锈钢FB6×35

羊毛大地毯
定制图案

高透明乳白夹层玻璃
HSt6 +HSt6

地面减震伸缩板St-t1.6
丙烯酸树脂加热喷涂

St-t19 托座丙烯酸涂装

钢丝绳端部张力导入铁件
不锈钢失蜡工艺φ65

紧固件φ65
不锈钢失蜡工艺
喷砂加工

托座St-t19
丙烯酸涂装

托座St-φ65×10

大厅剖面大样图1/40

〔凡例〕
HS:强度加倍玻璃
TP:钢化玻璃

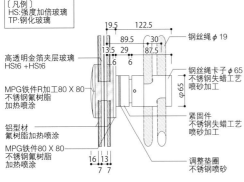

高透明金箔夹层玻璃
HSt6 +HSt6

MPG铁件R加工80 X 80
不锈钢氟树脂
加热喷涂

铝型材
氟树脂加热喷涂

MPG铁件80 X 80
不锈钢氟树脂
加热喷涂

钢丝绳φ19

钢丝绳卡子φ65
不锈钢失蜡工艺
喷砂加工

紧固件
不锈钢失蜡工艺
喷砂加工

调整垫圈
不锈钢喷砂

A部剖面大样图1/8

铝型材
氟树脂
加热喷涂

MPG铁件R加工80 X 80
不锈钢氟树脂
加热喷涂

高透明金箔
夹层玻璃
HSt6 +HSt6

A部正面图1/8

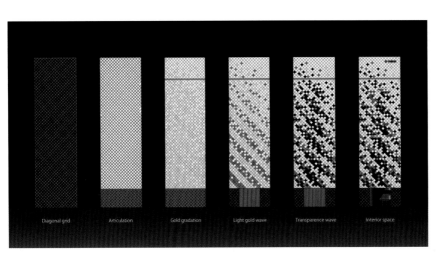

Diagonal grid　Articulation　Gold gradation　Light gold wave　Transparence wave　interior space

多层重叠的立面构成

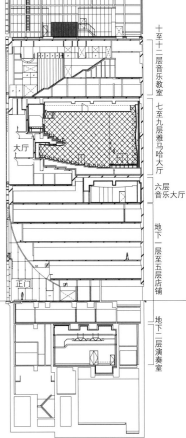

剖面图1/800

十至十二层音乐教室
七至九层雅马哈大厅
六层音乐大厅
地下一层至五层店铺
地下二层演奏室

大厅

正门

八层雅马哈大厅入口。左手的金箔夹层玻璃是由AGC建筑专业玻璃公司开发

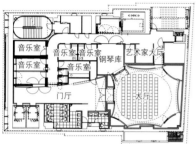

六层平面图

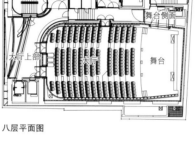

八层平面图

从中央大街观望。立面像左页下面的CG那样，设计出有多层重叠的感觉

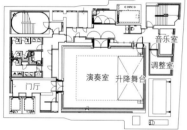

地下二层平面图

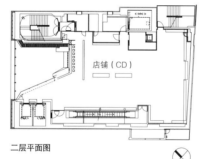

二层平面图

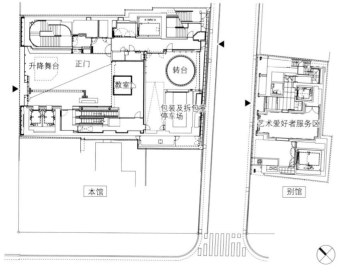

布置图·一层平面图1/600

雅马哈银座大厦

所在地●东京都中央区银座7-9-14　主要用途●店铺、大厅、音乐教室、停车场　地域·地区●商业地域、功能更新型高度利用地区、街道诱导型地区规划区域　建筑密度●90.90%（容许100%）　容积率●1099.71%（容许1100%）　用地面积●635.43㎡　占地面积●577.58㎡　建筑总面积●7582.99㎡　结构·层数●SRC结构·RC结构·S结构、地下3层·地上13层　基础·桩●直接基础　高度●最高高度56m、檐高55.2m、层高4.1m、室内净高2.7m　主要跨度●10.72m×6.65m　委托建设单位（甲方）·运营者●雅马哈、雅马哈音乐东京　设计·监理●日建设计（总负责：茅野秀真、建筑：白井大之、结构：鸟井信吾、电气：森田尚之、机械：高辻量、舞台设备：田中亚美、音乐：司马义英、监理：堀井久一）　PMR●雅马哈设备管理　设计协助●音响：雅马哈音响技术开发中心（清水宁）、店铺内装修：RADAKKU设计公司、照明：松下电工　施工●鹿岛　施工协助●空调卫生：新菱冷热工业、电气：栗原工业、舞台音响：雅马哈音响系统　设计时间●2006年2月～2007年3月　施工时间●2007年5月～2010年2月　开业日●2010年2月26日
[外部装饰]外墙●花岗岩浇筑模板兼用RC成型板　外围装配件●钢丝格栅玻璃幕墙

福寿园京都总店

京都市下京区

设计：竹中工务店（建筑）、尼崎博正（造园）

从东侧看上层部分夜景。每个格子都由LED等照明组成了L形，通过灯光加强内侧木格子的效果

包裹着『内厅』的格子

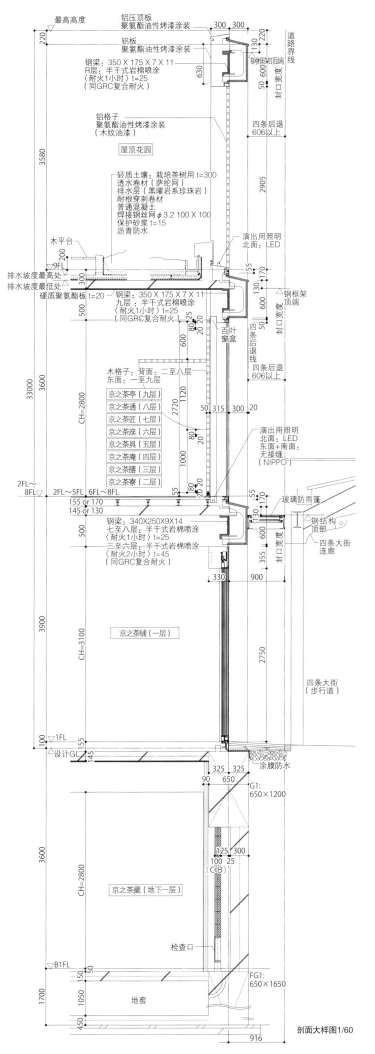

最高高度
铝压顶板
聚氨酯油性烤漆涂装
铝板
聚氨酯油性烤漆涂装
钢梁：350×175×7×11
R层：半干式岩棉喷涂
〈耐火1小时〉t=25
（同GRC复合耐火）

道路界线
钢框架顶端
封口宽度

铝格子
聚氨酯油性烤漆涂装
（木纹油漆）

四条后退
606以上

屋顶花园

轻质土壤：栽培茶树用 t=300
透水卷材（萨纶石）
排水层（黑曜岩系珍珠岩）
耐根穿刺卷材
普通混凝土
焊接钢丝网 φ3.2 100×100
保护砂浆 t=15
沥青防水

演出用照明
北面：LED

木平台

排水坡度最高处
排水坡度最低处
9FL

硬质聚氨酯板 t=20
钢梁：350×175×7×11
九层：半干式岩棉喷涂
〈耐火1小时〉t=25
（同GRC复合耐火）

钢框架顶端
封口宽度

百叶窗盒

四条后退线
四条后退
606以上

木格子：背面：二至八层
东面：一至九层

京之茶亭（九层）
京之茶通（八层）
京之茶匠（七层）
京之茶座（六层）
京之茶具（五层）
京之茶庵（四层）
京之茶膳（三层）
京之茶寮（二层）

演出用照明
北面：LED
东面+南面：
无接缝
（NIPPO）

2FL～8FL
2FL～5FL 6FL～8FL
155 or 170
145 or 130

钢梁：340×250×9×14
七至八层：半干式岩棉喷涂
〈耐火1小时〉t=25
三至六层：半干式岩棉喷涂
〈耐火2小时〉t=45
（同GRC复合耐火）

玻璃防雨篷
钢结构顶部
四条大街连廊

京之茶铺（一层）
CH=3100

四条大街
（步行道）

1FL
设计GL

涂膜防水

G1：650×1200

京之茶藏（地下一层）
CH=2800

检查口

B1FL

地窖

FG1：650×1650

剖面大样图1/60

上　为了应对有限的用地，采用了升降井尺寸最小且可双方向乘坐的电梯。
并采用透明的形式提高开放感
下　面对四条大街的北侧木格子。窗是内开的。格子尺寸参考大觉寺等，间隔是100mm。
部件断面是20mm×50mm，用美国铁杉涂柿漆

069

上　从北侧观望。该建筑面向京都市东西主干道的四条大街，位于南北干道河原町大街和鸟丸大街之间大致中间的位置。花岗石格子框架的宽度为600mm。内部采用350mm的方形钢骨架组合而成。表面材料用高压水洗岗石

下　从北侧大厅看一层店铺"京之茶铺"。顶棚与右侧的墙壁设置了扁柏的木格子。墙壁为石灰粉刷，使朴素与豪华融合在一起。墙壁上挂着木工艺人间国宝——村山明先生制作的福寿园家训"无声呼人"的木制招牌。此外，每层都配有人间国宝的作品

　　此建筑是日本知名品牌"伊右卫门"的老茶铺——福寿园在京都市中心建的旗舰店。外观是格子形式，内部空间以庭园为主。

　　福寿园的福井正宪社长说："想做成以世界上最好喝的宇治茶为中心，作为继承了王朝文化的京都传统产业制品向世界挑战的品牌店。"对承担设计、施工的竹中工务店提出的要求是：豪华而质朴，复杂中透着简单，日式风格中透着洋气。乍一看，都是正好感觉相反的氛围。

　　竹中工务店设计部副部长内海慎介先生回忆说："我们的理解是：基本的主题是京都。在此基础上寻求古而新的建筑。"外观是参考清水舞台的格子设计的黑色花岗石的立体格子。

　　"王朝时代的建筑，庭是主角"（福田社长）。反映出这种思想的是内部空间的"内厅"。由京都造型艺术大学教授尼崎博正先生配合各层的主题进行了设计。

　　格子外墙与内庭之间有木格子组成的向内开的细格吊窗。格子的间隔与外观，参考了京都市内的寺庙。"细格吊窗向内庭开启的时候，室内外有反转的感觉"（竹中工务店设计部的须贺定邦先生）。

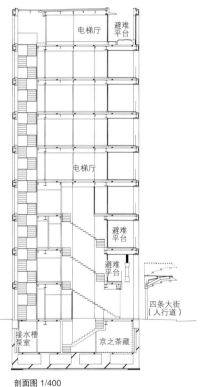

剖面图 1/400

电梯厅
避难平台

电梯厅

避难平台
避难平台

四条大街（人行道）

接水槽泵室
京之茶藏

四条大街（车道）

四条大街（人行道）

六层大厅的"京之茶座"。用印度、意大利等6个国家的大理石，表现了世界上云的图案。背后看到的用玻璃隔开的室外空间可当作院内小庭院的避难平台。平台上配有300年树龄的树桩，表现大自然与日本文化、茶文化之间的关系

福寿园京都总店

所在地●京都市下京区四条大街富小路角　主要用途●店铺、办公室　地域·地区●商业地域、防火地区　建筑密度●80%（容许100%）　容积率●700%（容许700%）　前面道路●北22m　用地面积●156.93㎡　占地面积●129.60㎡　建筑总面积●1087.03㎡　结构·层数●S结构、地下1层·地上9层　各层面积●地下一层122.76㎡、地上一层118.93㎡、二至八层111.30㎡、九层66.24㎡　基础·桩●直接基础　高度●最高高度33m、檐高32.65m、层高3.6m、室内净高2.8m　主要跨度●3.1m×13.2m　委托建设单位（甲方）·运营者●福寿园　设计●竹中工务店（总负责：内海慎介、建筑：须贺定邦、结构：田恒欣也、设备：中川浩明、室内：小梶吉隆、制作：笼谷延雄）设计协助●照明：AZU设计工房（田村利夫）庭园设计●尼崎博正·京都造型艺术大学教授　施工●竹中工务店（石井肇）施工协助●空调·卫生：影近设备工业（滨勇二）、电气：朝阳电气（加藤博规）　设计时间●2006年2月~2007年5月　施工时间●2007年6月~2008年8月　开业日●2008年8月5日

[**外部装饰**]屋顶●双折板　外墙●花岗石浇铸模板兼用GRC成型板（山西黑水冲洗）外围装配件●铝窗、不锈钢窗

[**内部装饰**]一层店铺●墙：抹灰饰面、花岗石（山西黑水冲洗）顶棚：岩棉吸声板EP-Ⅱ、无机质人造木板扁柏胶合板饰面格子　二层店铺●墙：抹泥面层　顶棚：岩棉吸声板　七层事务所●地板：OA地面铺拼接地毯　墙：石膏板EP-Ⅱ　顶棚：集成顶棚（岩棉吸声板）

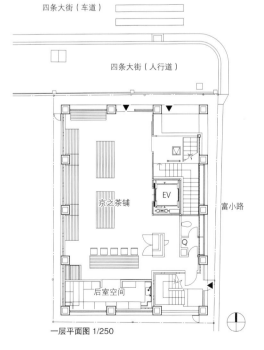

京之茶铺
EV
后室空间
富小路

一层平面图 1/250

避难平台
京之茶庵
IT角
EV
后室空间
茶室
后室空间

四层平面图

避难平台
京之茶匠
EV
电梯厅

七层平面图

通过关键词看开口部

利用大面积的玻璃实现风景一体化

岛根县立古代出云历史博物馆

岛根县出云市
设计：槙综合设计事务所

桂树林荫的主引道。通过玻璃门厅，可看到正面北山山系的绿色。右手入口是次门厅

东西剖面图1/800

迎接来馆者的玻璃箱子
连接着庭园的绿色和钢的博物馆

门厅的玻璃幕墙。3层高约10m的玻璃是Low-E加工的双层玻璃。这种玻璃提高了隔热性，减轻了冷暖气的负荷。幕墙的竖框兼作构造柱，担负起了垂直荷载与风压

桂树林荫引道的前方是绿色的山脉。因有一大片草坪的庭园，与其说是博物馆倒更像是公园。正面有一个长方体的玻璃门厅。这个门厅是3层的吹拔开放空间。支撑Low-E加工双层玻璃的是兼作构造柱的竖框。二层有咖啡厅，三层配有观景台。

从出入口可到连接4个展室的中央大厅。从充满光线的玻璃箱子的内部，进入被耐候钢包围的微暗空间，气氛瞬间被切换。

古代出云历史博物馆建在出云大社的东侧。为收藏、展示出云地区遗址出土的弥生时代青铜器等贵重文物而建。团队旅客、游完出云大社顺路来的年轻夫妇、参观学习的小学生、当地的老夫妇等，各行各业的男女老少游客都来这里参观。

与山脉相呼应的空中轮廓线，同时也是为了保护文物采用的双重屋顶。宽波纹钢板和混凝土的平屋顶上，盖上了钢桁架结构的金属屋顶，并进行了防漏、防潮处理。墙壁和地面都是双重结构。

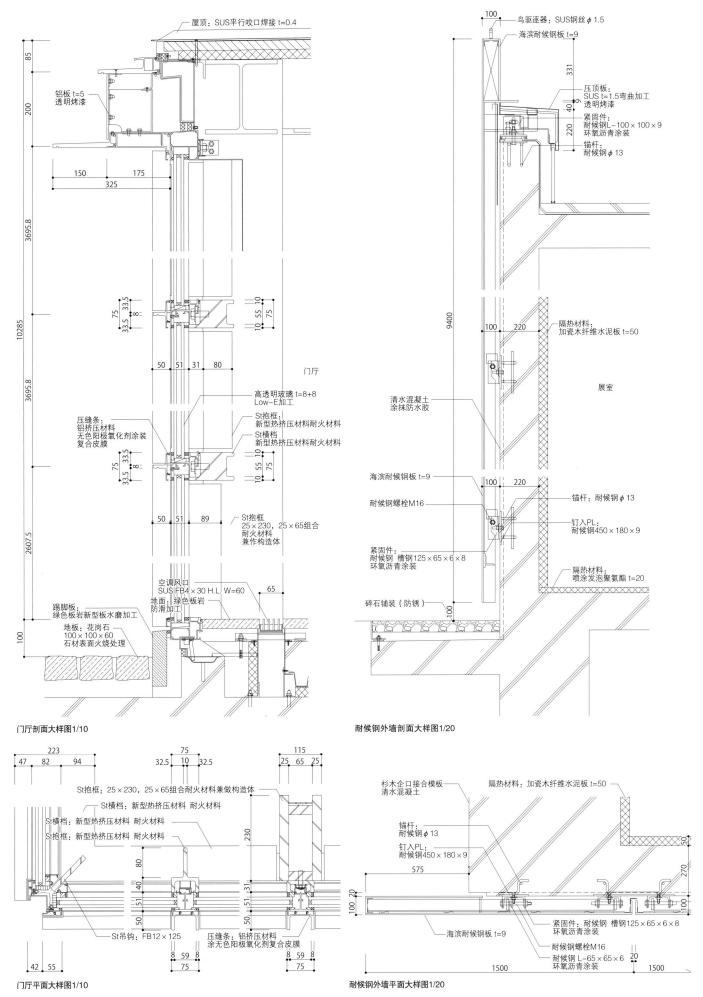

屋顶：SUS平行咬口焊接 t=0.4

铝板 t=5
透明烤漆

85
200
150 175
325
3695.8
10285

门厅

高透明玻璃 t=8+8
Low-E加工

压缝条：
铝挤压材料
无色阳极氧化剂涂装
复合皮膜

St抱框：
新型热挤压材料耐火材料
St横档
新型热挤压材料耐火材料

75 33.5
33.5 8
50 51 31 80
10 55 10
75

3695.8

50 51 89

St抱框
25×230，25×65组合
耐火材料
兼作构造体

75 33.5
33.5 8
50 51 31 80
10 55 10
75

2607.5

空调风口
SUS FB4×30 H.L. W=60

踢脚板：
绿色板岩新型板材水磨加工

地面：绿色板岩
防滑加工

地板：花岗石
100×100×60
石材表面火烧处理

65

100

门厅剖面大样图1/10

100
鸟驱逐器：SUS钢丝 φ1.5
海滨耐候钢板 t=9

331

压顶板：
SUS t=1.5弯曲加工
透明烤漆

40
220

紧固件：
耐候钢L-100×100×9
环氧沥青涂装
锚杆：
耐候钢 φ13

9400

100 220

隔热材料：
加瓷木纤维水泥板 t=50

展室

清水混凝土
涂抹防水胶

海滨耐候钢板 t=9

100 220

耐候钢螺栓M16

紧固件：
耐候钢 槽钢125×65×6×8
环氧沥青涂装

锚杆：耐候钢 φ13

钉入PL：
耐候钢450×180×9

隔热材料：
喷涂发泡聚氨酯 t=20

碎石铺装（防锈）

100

耐候钢外墙剖面大样图1/20

223
47 82 94

St抱框：25×230，25×65组合耐火材料兼做构造体

St横档：新型热挤压材料 耐火材料
St横档：新型热挤压材料 耐火材料
St抱框：新型热挤压材料 耐火材料

75
32.5 10 32.5

115
25 65 25

230
80
51 40
50 51 31
50 51

St吊钩：FB12×125

压缝条：铝挤压材料
涂无色阳极氧化剂复合皮膜

8 59 8
75
8 59 8
75

42 55

门厅平面大样图1/10

杉木企口接合模板
清水混凝土

隔热材料：加瓷木纤维水泥板 t=50

锚杆：
耐候钢 φ13

钉入PL：
耐候钢450×180×9

575

50
270
100 20
100

海滨耐候钢板 t=9

紧固件：耐候钢 槽钢125×65×6×8
环氧沥青涂装

耐候钢螺栓M16

耐候钢 L-65×65×6
环氧沥青涂装

20

1500 1500

耐候钢外墙平面大样图1/20

左上 3层吹拔空间的门厅。有咖啡厅、观景台
左中 槙事务所进行了室内设计的特别展室。展示的是开馆纪念特别展"神神之至宝"
左下 连接门厅与各展室的中央大厅。展示着出云大社出土的"宇豆柱"。镶嵌着汉白玉的凳子由藤江和子女士设计
上 隔着北侧庭园看建筑。眼前是从庭园入口往里走的"风土记之道"

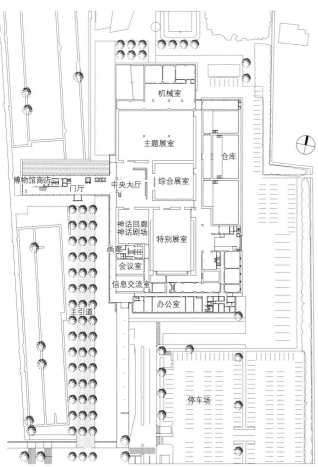

一层平面图1/2000

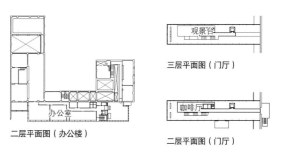

二层平面图（办公楼）

三层平面图（门厅）

二层平面图（门厅）

岛根县立古代出云历史博物馆

所在地●岛根县出云市大社町杵筑东99–4 地域·地区●第二类居住地域 建筑密度●16.72%（容许60%） 容积率●20.99%（容许200%） 前面道路●东侧3.9～5.2m、西侧6.0～15.3m、南侧12m 停车台数●普通车244台、大型公共汽车15台、残疾人用车6台 用地面积●56492㎡ 占地面积●9445㎡ 建筑总面积●11855㎡ 结构·层数●RC结构·S结构、地下1层·地上3层 各层面积●地下一层88㎡、一层9040㎡、二层2652㎡、三层75㎡ 基础·桩●PHC桩 高度●最高高度13.3m、檐高9.8m 层高●出入口楼：3m、本馆·办公楼：4.5m 室内净高●门厅：9.5m、中央大厅：6.8m、特别展室：5m、画廊：2.575m、仓库：5m 委托建设单位（甲方）●岛根县 设计●槙综合设计事务所（槙文彦） 设计协助●结构：花轮建筑构造设计事务所（花轮纪昭）、设备：综合设备设计（远藤二夫）、景观：ONSAITO规划设计事务所（三谷彻）、家具·地毯：藤江和子工作室（藤江和子）、标识：矢萩喜从郎事务所（矢萩喜从郎） 监理●岛根县出云县土整备事务所、槙综合设计事务所（槙文彦） 施工●建筑：大林组·中筋组·岩成工业JV（梅下馨） 指定管理者●博物馆ICHIBATA 设计时间●2002年3月～2003年10月 施工时间●2003年12月～2006年3月 总工费●约68亿日元（含外围工程费） 开馆日●2007年3月10日

富士电视台湾岸摄影棚

东京都江东区
设计：鹿岛

长达600m的皱褶状玻璃幕墙

隔着庭园看西侧。带状的弯曲的双皮层立面显示出山型的影子

1997年，富士电视台将总部搬到了东京·台场。10年之后的2007年9月，在离总部约800m的地方，又新建了总面积约58000㎡的特大新摄影棚。这就是有8个电视连续剧和联合演出专用摄影棚的"湾岸摄影棚"。设计、施工由承担总部大楼施工的鹿岛完成。

建筑立面由高约30m、长约600m的皱褶状玻璃幕墙形成。鹿岛建筑设计本部承担此项设计组负责人泽田英行先生（现建筑设计统括组组长）回顾说："因不是一般的办公楼，所以外装修的自由度很高。这也是一个难点"。

在初步设计时，委托建设单位提出的希望只是使用玻璃，颜色最好是银灰色。通过与委托单位多次的沟通和考察，终于摸清了委托单位的喜好。

外围的幕墙具有防海风，保护建筑物的功能。面向西侧的房间采用了双皮层构造，能够自然换气。东面的4层吹拔空间的餐厅，通过将直径10m、高20m的"风管"与百叶窗相结合进行自然换气。

上　正面出入口。停车门廊上方的下向照明，下车时有聚光灯的效果
下　一层的门厅。外侧周围有CFT柱支撑。前面的庭园作为民间都市再生事业的一部分同建筑进行了一体化规划

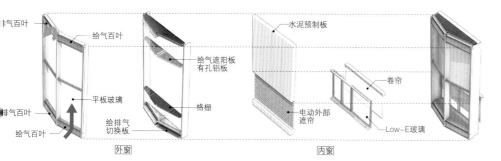

排气百叶
给气百叶
给气遮阳板
有孔铝板
平板玻璃
格栅
排气百叶
给排气
切换板
给气百叶

水泥预制板
卷帘
电动外部
遮帘
Low-E玻璃

外窗

内窗

双皮层的构成

外窗的格栅还能作为清扫时的脚手架。给气百叶与排气百叶相邻摆放，以防通气断路。电动遮帘和卷帘都能在每个房间内部控制。

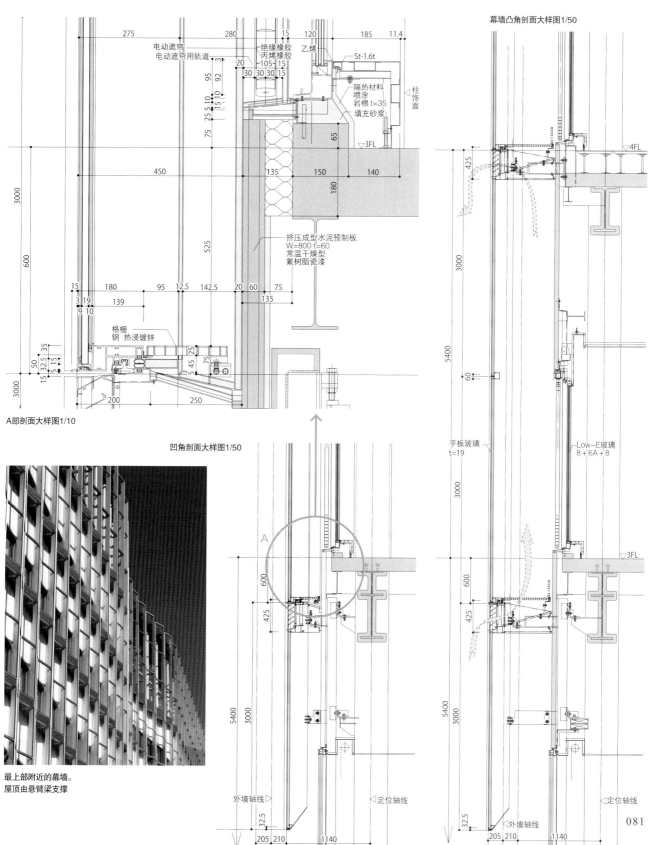

幕墙凸角剖面大样图1/50

电动遮帘
电动遮帘用轨道
绝缘橡胶
丙烯橡胶
乙烯
St-1.6t
隔热材料
喷涂
岩棉 t=35
填充砂浆
柱饰面
▽3FL

挤压成型水泥预制板
W=800 t=60
常温干燥型
氟树脂瓷漆

格栅
钢 热浸镀锌

A部剖面大样图1/10

最上部附近的幕墙。
屋顶由悬臂梁支撑

凹角剖面大样图1/50

平板玻璃
t=19

Low-E玻璃
8+6A+8

外墙轴线
定位轴线

081

4层吹拔空间的餐厅。里边的风道也作为排气塔使用

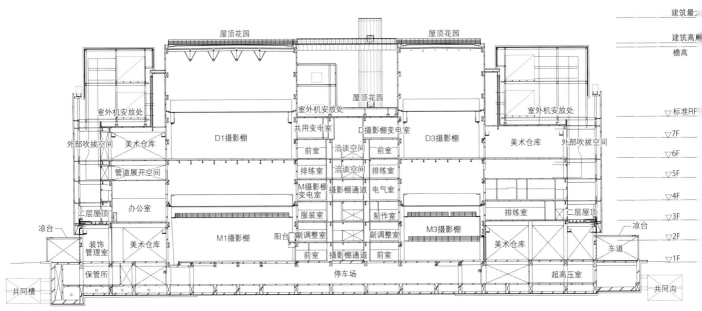

剖面图1/1000

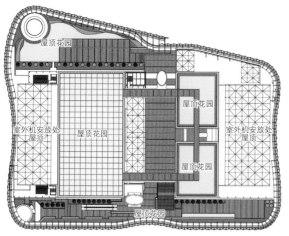

屋顶平面图

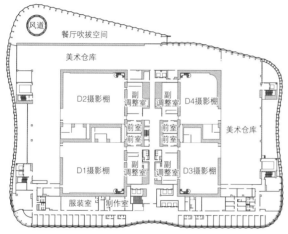

六层平面图

富士电视台湾岸摄影棚

所在地●东京都江东区青海2-36 地域·地区●准工业地域、都市再开发2号地区（临海副都心）、临海副都心青海地区规划区域 建筑密度●78.35%（容许80%）容积率●298.89%（容许300%）用地面积●19373.41㎡ 占地面积●15180.64㎡ 建筑总面积●57905.27㎡ 结构·层数●S结构·SRC结构·RC结构(组合·多核心·系统)地下1层·地上7层 基础·桩●钢管桩+型钢柱的地下室逆作法施工（专利申请中）高度●最高高度64.522m、檐高56.722m、层高5.4m、室内净高2.8m 委托建设单位（甲方）●富士电视台 设计●鹿岛（总负责：松崎健二、建筑：小川清则、设计：泽田英行、结构：家崎尚志、设备：饭田浩贵）设计协助●摄影棚：SAUNZU建筑设计事务所（四川祯一）、景观：景观设计（小池孝幸）监理●鹿岛（宫前行成）施工●鹿岛（松岛润）、协助：北野建设 施工协助●空调：东洋热工业·新日本空调JV（染谷公洋）、高砂热学工业·新菱冷热工业JV(世户秀祢)、卫生：西原卫生工业所（大高孝）、电气：关电工·Kinden·东光电气工事JV（岛崎勇）设计时间●2003年11月～2005年3月 施工时间●2005年3月～2007年3月

[外部装饰]屋顶A：瓷砖+普通混凝土饰面+加高（EPS板）+普通混凝土+外隔热工法+沥青防水 屋顶B：防震橡胶垫浮式楼面工法（MAFF工法）

[内部装饰]摄影棚●地面：P瓷砖、墙：玻璃纤维钢网格压板（画幕：涂料）、顶棚：框缘玻璃棉点式固定钉

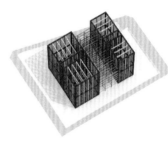

构造的意象CG。摄影棚部分的'多核心构造'确保了耐震性，周围的楼板由钢框架刚性架构成。外周的柱子支撑着垂直荷载与幕墙

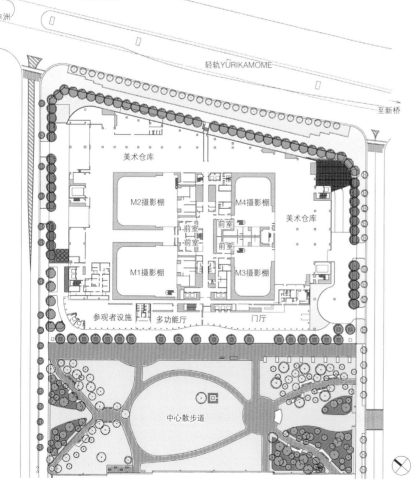

一层平面图1/2000

爱知淑德中学

名古屋市千种区
设计：TARAO HIIRO ARCHITECTS、日本设计

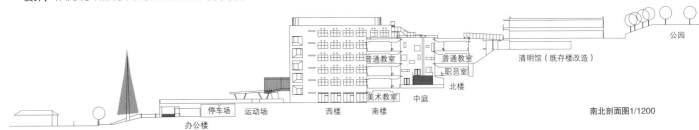

普通教室　普通教室　清明馆（既存楼改造）　公园

职员室

北楼

美术教室　中庭

办公楼　停车场　运动场　西楼　南楼

南北剖面图1/1200

夹着中庭伸延的走廊
学生们的活动尽收眼底

北楼（左）与南楼（右）之间，是南北11m、东西65m的中庭。中庭作为学生活动的场所被充分利用，与玻璃走廊是可以相互打招呼的距离

爱知淑德中学是私立女子学校，2005年创立100周年。此次整理了与爱知淑德大学之间错综复杂的校园用地，营造了符合各自教育的环境。

整体规划由日本设计公司负责。以重建为中心的中学由TARAO HIIRO ARCHITECTS设计。学校的要求是重建中不另建临时校舍，边在旧校舍上课，边进行新校舍的建设。学校是学习的场所，又是大半天在这里生活的场所，因此，提高校舍的居住性也是一个重要的主题。怎样规划、设计才能符合学校的功能呢？例如：鞋在哪儿换？雨

上　五层阳台。连接北楼与南楼的通道，半室外。可俯视中庭，是眺望的好场所
下　面向中庭的走廊。玻璃和倾斜的顶棚产生了开放感。长凳用于休息时聊天

天的伞在哪里控水？等等。将这类问题都一一进行了探讨。

新校舍沿高低差约20m的南向斜面而建，成为其中心的是中庭。作为普通教室与职员室的南北楼，夹着中庭东西延伸。两栋楼都面向中庭设有玻璃走廊，学生们的活动尽收眼底。放学后，俱乐部活动等立刻使中庭充满活力。

爱知淑德中学
所在地●爱知县名古屋市千种区樱丘23　地域·地区●第一类居住地域　建筑密度●29.18%（许可60%）　容积率●101.5%（容许200%）　停车台数●32台　用地面积●52603.79㎡　占地面积●5679.29㎡　建筑总面积●17307.68㎡　结构·层数●RC结构·SRC结构·S结构·地下1层·地上6层　基础·桩●直接基础　高度●最高高度22.654m、檐高22.654m、层高3.9m、室内净高3m　委托建设单位（甲方）●爱知淑德学园　设计●TARAO HIIRO ARCHITECTS（多罗尾直子、日色真帆）、日本设计（建筑：铃木达也、结构：中尾彰、设备：小谷野祐二、预算：植田隆明）　设计协助●定制家具设计：多罗尾直子、藤森泰司工作室（藤森泰司）、窗帘设计·制作：NUNO（安东阳子）、既存楼改建实施设计·监

理：竹中工务店（巽浩）　监理●TARAO HIIRO ARCHITECTS（多罗尾直子、日色真帆）、日本设计（建筑：多田茂树、结构：相京正巳、设备：小野寺健）　施工●竹中工务店（酒井澄夫）　施工协助●空调：DAIDAN、高砂热学工业（水野孝志）、电气：DAIDAN、（荒木明彦）、卫生：闲林工业（前渊孝年）、内装木工：ZAISOUHAUSU、固定式家具：榎本木工　音响影像设备●EIANDOBUI　办公用品家具制作●定制家具：INOUEINDASUTORIIZU、普通教室定制桌椅：朋和商事　设计时间●2003年4月~2004年6月　施工时间●2004年7月~2006年3月（一期工程）、2006年4月~2007年3月（二期工程）
[**外部装饰**]外墙●清水混凝土铺设喷涂瓷砖、中庭支撑墙：马赛克瓷砖、铝穿孔金属网　外围装配件●铝窗银灰色无光饰面、出入口大门不锈钢拉丝饰面、钢门涂SOP、双层玻璃·部分夹层玻璃

从东侧望去。运动场的位置曾是中学旧校舍，新校舍的中庭位置曾是大学的新馆。为了不留缝隙，新校舍分两期建造

从南楼看北楼。普通教室下面是职员室。面向中庭的走廊，全部设有玻璃，确保了开放感和采光。腰部高度以下是夹层玻璃，其他是双层玻璃，走廊也有空调

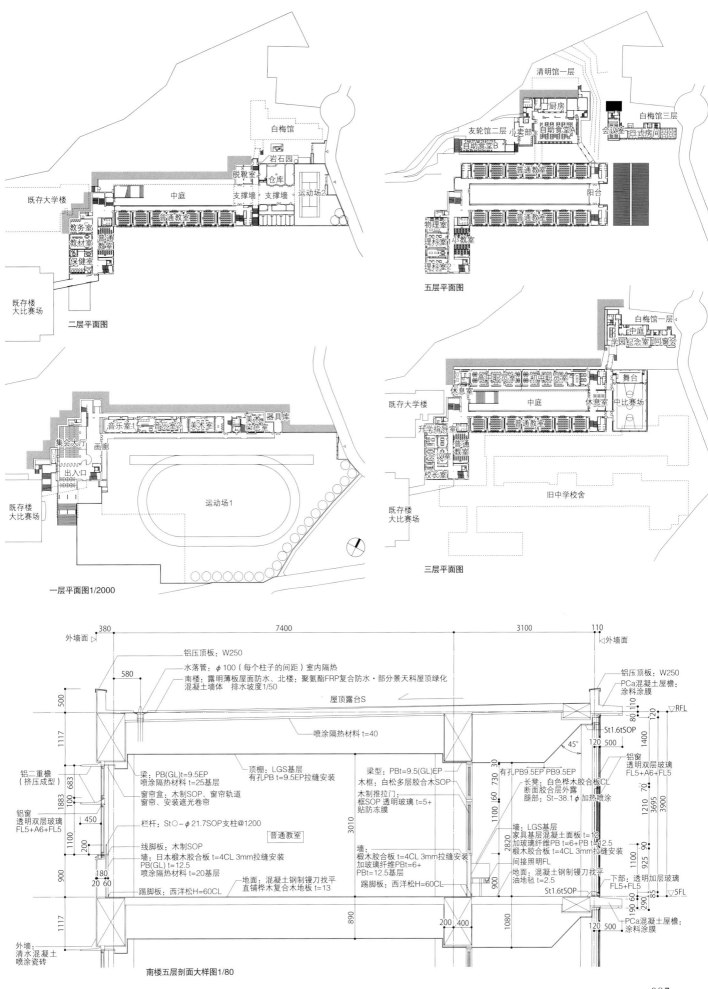

白梅馆

岩石园
脱靴室
仓库
中庭
支撑墙 支撑墙
运动场2

既存大学楼

教务室
教材室
普通教室
保健室

既存楼
大比赛场

二层平面图

清明馆一层
厨房
友轮馆二层 小卖部
自助食室A
会议室
旧式房间
白梅馆三层
自助食室B

普通教室
阳台

物理室
理科室
小教室
普通教室
理科室2

五层平面图

音乐室1 音乐室2 美术室 美术
准备室
器具库

集会大厅
画廊

出入口

既存楼
大比赛场

运动场1

一层平面图1/2000

白梅馆一层
中庭
学园纪念室 同窗会

既存大学楼

升学指导室
普通教室
职员室 初中职员室
休息室
舞台
中比赛场

校长室

既存楼
大比赛场

旧中学校舍

三层平面图

380 7400 3100 110

外墙面 铝压顶板：W250
水落管：φ100（每个柱子的间距）室内隔热
南楼：露明薄板屋面防水、北楼：聚氨酯FRP复合防水·部分景天科屋顶绿化
混凝土墙体 排水坡度1/50
屋顶露台S
外墙面
铝压顶板：W250
PCa混凝土屋檐：
涂料涂膜
RFL
喷涂隔热材料 t=40
St1.6tSOP

铝二重檐
（挤压成型）
梁：PB(GL)t=9.5EP
喷涂隔热材料 t=25基层
窗帘盒：木制SOP、窗帘轨道
窗帘、安装遮光卷帘
顶棚：LGS基层
有孔PB t=9.5EP拉缝安装
梁型：PBt=9.5(GL)EP
木框：白松多层胶合木SOP
木制推拉门：
框SOP 透明玻璃 t=5+
贴防冻膜
有孔PB9.5EP PB9.5EP
铝窗
透明双层玻璃
FL5+A6+FL5
45°
铝窗
透明双层玻璃
FL5+A6+FL5
长凳：白色桦木胶合木CL
断面胶合层外露
腿部：St-38.1φ加热喷涂
栏杆：St○-φ21.7SOP支柱@1200
普通教室
墙：LGS基层
家具基层混凝土面板t=12
加玻璃纤维PB t=6+PB t=12.5
椴木胶合板t=4CL 3mm拉缝安装
线脚板：木制SOP
墙：
椴木胶合板t=4CL 3mm拉缝安装
加玻璃纤维PBt=6+
PBt=12.5基层
间接照明FL

日本椴木胶合板 t=4CL 3mm拉缝安装
PB(GL)t=12.5
喷涂隔热材料 t=20基层
地面：混凝土钢制镘刀找平
直铺桦木复合木地板t=13
踢脚板：西洋松H=60CL
下部：透明加层玻璃
FL5+FL5
5FL
地面：混凝土钢制镘刀找平
油地毯 t=2.5
踢脚板：西洋松H=60CL
St1.6tSOP

外墙
清水混凝土
喷涂瓷砖

南楼五层剖面大样图1/80

PCa混凝土屋檐：
涂料涂膜

大阪律师会馆

大阪市北区

设计：日建设计

格子状的结构体外围
透明感与气派并存

格子状的梁和柱围绕着玻璃盒子矗立着。梁和柱通过定制陶板贴面，显得很纤细，使得建筑看起来既气派又有透明感。日建设计执行负责人江副敏史先生说："我们一直将结构当作装饰来表现作为设计的基本主题。这次想用纤细的结构来表现气派与力度"。

大阪市的中之岛是政治、经济的中心地，周围有丰富的水和绿化资源。大阪律师会馆就建在这个环境优美的地方。在设计要求中，律师会馆方首先提出的是，表现"面向市民的律师会"的透明感以及开放感，并可方便市民使用。

"不想为了寻求透明性只做成玻璃盒子。作为律师会馆，威严还是有必要考虑的。"（江副先生）因此，产生了纤细且具有设计感的梁和柱的结构部件。

为了呼应中之岛的用地，外墙材料采用陶板和砖。为了减少环境负荷，将梁和柱构成的格子与玻璃之间的缝隙作为屋檐。除了遮住直射日光，减轻空调负荷外，还采用了屋顶绿化、雨水利用、太阳能发电等。

◀从西南侧观望。前面道路侧建了高层部分，背后建了大会议室等低层部分

贴有陶板的柱和梁的断面是450mm的方形。3层吹拔空间的低层部分的柱子内侧设有H型钢，确保了强度

左　从室内看到的柱形。竖缝部分是コ字形陶板的接合部　　右　正面玄关。室外地面使用的是陶板制作时产生的废料

コ字形大型陶板用于柱子装饰，废料用于地面铺装

　　玻璃外墙排列着柱子。一般柱贴面时采用陶板分别包面。但是，"从柱角部能够看到陶板断面，材料的薄度一目了然。因此，用断面是コ字形的定制品从两侧包住柱子。"（江副先生）制品是コ字形，但制作时是口字形，内部两个部位放加固材料烧制。江副先生说："听厂家说加固材料要废弃处理，我们就决定将它用于铺地材料。"构成口字形一侧的大型陶板用在大厅地面，加固的2个材料用在室外地面。

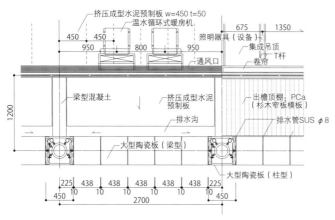

窗子周边平面大样图1/60

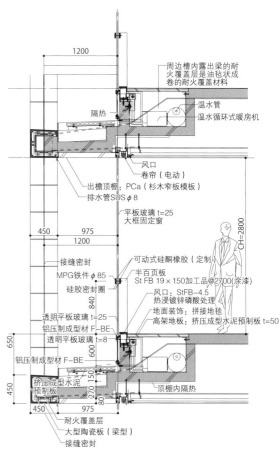

窗子周边剖面大样图1/60

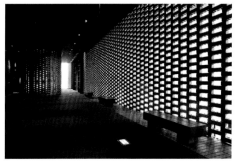

一层门厅（右侧照片）和二层大厅。镂空砖墙的砖，厚90mm，长440mm，宽100mm。表面有平的，拱形等4种形状

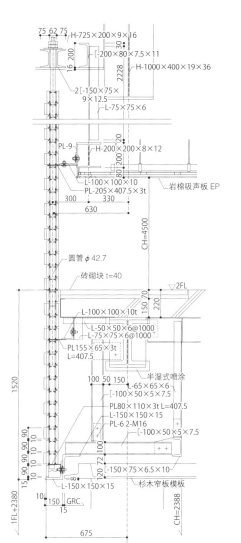

75 62 75
H-725×200×9×16
30
[-200×80×7.5×11
16 200
2228
H-1000×400×19×36
2[-150×75×9×12.5
L-75×75×6

PL-9
20
H-200×200×8×12
80
L-100×100×10
岩棉吸声板 EP
PL-205×407.5×3t
300
330
630
CH=4500

圆管φ42.7
砖砌块 t=40
▽2FL
150 70
220
L-100×100×10t
L-50×50×6@1000
L-75×75×6@1000
PL155×65×3t
L=407.5
半湿式喷涂
100 50 150
L-65×65×6
[-100×50×5×7.5
PL80×110×3t L=407.5
L-150×150×15
PL-6 2-M16
[-100×50×5×7.5
1520
90 90 90
100
120 72
[-150×75×6.5×10
15 90 90 90
L-150×150×15
杉木窄板模板
8
10
150 GRC
1FL+2380
15
CH=2388
675

镂空砖墙剖面大样图1/30

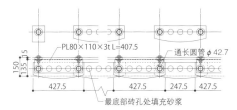

PL80×110×3t L=407.5
通长圆管φ42.7
150
35 5
427.5
427.5
247.5
427.5
最底部砖孔处填充砂浆

镂空砖墙平面大样图1/30

期待竹帘效果的高8.2m的镂空砖墙

装饰材料与律师会馆的风格和中之岛的环境相呼应，选用了有质感的、且能随着时间的推移会越来越有味道的陶板和砖。引人注目的是二层大厅与门厅之间的镂空砖墙。高8.2m，宽46m。采用镂空砌法，将一块一块的砖固定在从顶棚吊下来的铁管上，用于适应层间位移。"运用了工匠的技术与感性，特意进行了不规则的砌筑，表现出存在感与深厚的阴影。从二层的大厅看，像竹帘一样透着光，可看到门厅；从门厅看，像是一面墙"（江副先生）。

左　低层部的外墙。同镂空砖墙一样，使用了特别定制的大型砖
上　十四层的会议室。3面是玻璃墙

地下一层的柱子与顶棚的接合部（上面的照片）与减震器。该减震器是滞后减震器与黏性减震器的组合，可应对不同振动的地震。地下一层集中配置减震器的阻尼结构，采用了SOFT FIRST STORY制震系统

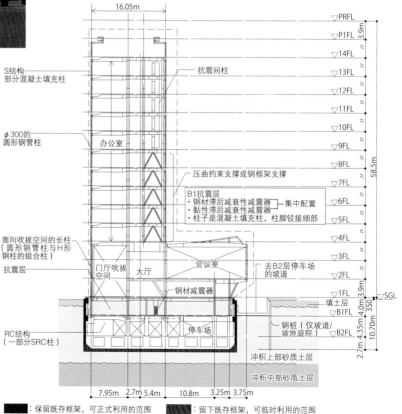

S结构
部分混凝土填充柱

抗震间柱

φ300的
圆形钢管柱

办公室

压曲约束支撑或钢框架支撑

B1抗震层
·钢材滞后减衰性减震器——集中配置
·黏性滞后减衰性减震器
·柱子是混凝土填充柱，柱脚铰接细部

面向吹拔空间的长柱
（圆形钢管柱与H形
钢柱的组合柱）

抗震层

门厅吹拔
空间

大厅

会议室

去B2层停车场
的坡道

钢材减震器

RC结构
（一部分SRC柱）

停车场

钢桩（仅坡道/
坡地庭院）

冲积上部砂质土层

冲积中部砂质土层

16.05m

PRFL
P1FL 3.9m
14FL
13FL
12FL
11FL
10FL
9FL
8FL
7FL
6FL
5FL
4FL
3FL
2FL
1FL
B1FL
B2FL

SGL

填土层
350

58.5m

3.9m
4.0m
4.35m
2.7m
10.70m

7.95m　2.7m　5.4m　　10.8m　　3.25m 3.75m

■：保留既存框架，可正式利用的范围　　▨：留下既存框架，可临时利用的范围

结构框架立面图1/800

092

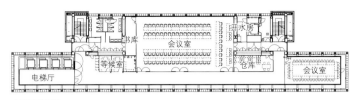

十二层平面图

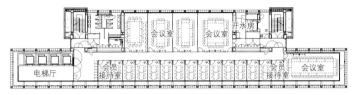

九层平面图

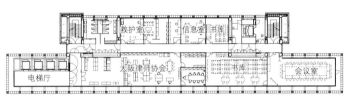

五层平面图

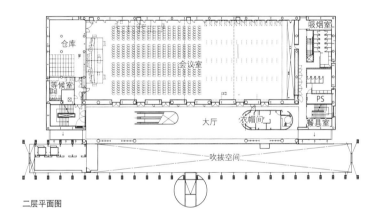

二层平面图

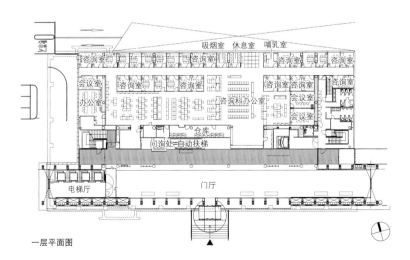

一层平面图

从南侧观望。河的对面是中之岛，有大阪市办公厅、历史建筑物中央公会堂等

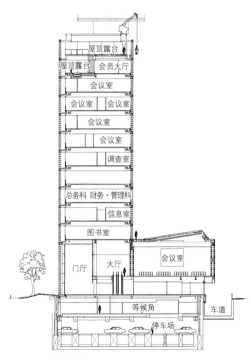

剖面图1/800

大阪律师会馆

所在地●大阪市北区西天满1-12-5　地域·地区●商业地域、防火地域、停车场配备地域　建筑密度●44.3%（容许80%）　容积率●303.8%（容许400%）　前面道路●东5.50m、南7.82m、北6.00m　停车台数●56台　用地面积●5078.06㎡　占地面积●2250.92㎡　建筑总面积●17005.29㎡　结构·层数●S结构·RC结构，地下2层·地上14层·楼顶间1层　各层面积●地下二层2277.93㎡、地下一层2037.10㎡、一层1911.79㎡、二层1741.63㎡、三层260.34㎡、四至十二层843.02㎡、十三层745.85㎡、十四层417.96㎡、楼顶间层25.51㎡　基础·桩●直接基础　高度●最高高度59.55m，檐高55.25m，层高3.90m、室内净高2.80m　主跨度●2.70m×16.05m　委托建设单位（甲方）●大阪律师会　设计·监理●日建设计（建筑：江副敏史、结构：多贺谦藏、设备：大高一博、景观：森山明、室内：中村雅人、预算：竹田彰二、监理：大堀好昭）　施工●大林组（建筑：福永纯三、机械：川中正广）　施工协助●空调：三晃空调（武田真司）、卫生：DAIDAN（石本强）、电气：KINDEN（山地胜彦）　设计时间●2003年1月～10月　施工时间●2004年4月～2006年7月　使用开始日●2006年9月4日

福山市中央图书馆·老人学习中心
学习馆ROSEKOMU
广岛县福山市
设计：日建设计

营造一片水和绿色的空间
充分利用北侧的用地

从东侧观望。镶着玻璃的一层和二层是阅览室。眼前的水池没有栏杆，为了小孩的安全，深度设计为10cm

从东北侧观望。公园的面积约20000m²。建筑位于西南角，公园侧是图书馆，面向前面道路的南侧是停车场

上 位于二层北侧的阅览角。因为能看到公园，是馆内最有人气的阅览席
下 四层北侧的走廊。为了使大家能够从四层眺望，在建筑外围设置了走廊

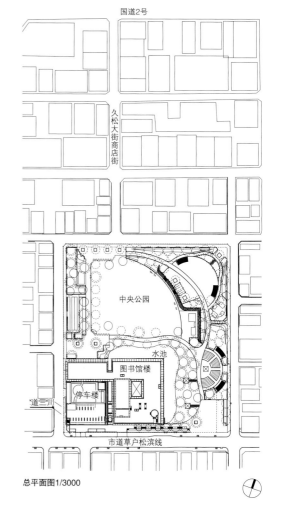

国道2号

久松大街商店街

中央公园

水池

图书馆楼

停车楼

市道草户松滨线

总平面图1/3000

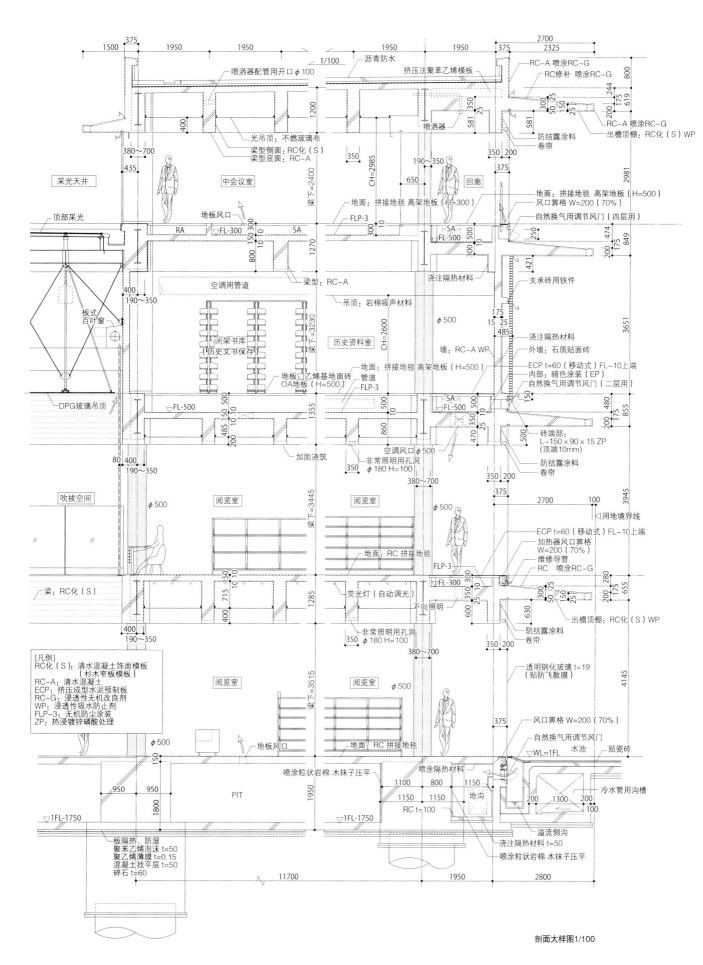

剖面大样图1/100

透过大面积的玻璃，外面是拥有水池和草地的宽阔的广场。图书馆开馆以来，约有430个座席的阅览席几乎是座无虚席。特别是能看到公园的窗子边的席位人气更高。"学习馆ROSEKOMU"是以图书馆为中心的老人学习中心。建筑用地曾是福山藩校的诚之馆的中央公园的一角。

设计者日建设计提出的方案主题之一是同公园一体化。学习馆的用地一直到大挑檐的端部。同建筑一体化的水池也是公园的一部分。

日建设计的提案是在北侧和东侧设置大量通透空间，外周设置水池，广场上种草坪。日建设计执行人江副敏史先生说："想营造一个从建筑内部能看到水和绿色的开放空间。水池还有一个作用是保持与公园利用者之间的距离"。

图书馆需要避开直射光。朝北的话，阳光射入的问题就几乎不存在了。为了不让直射光进入内部，还设置了2.7m的挑檐。日建设计还对日影进行了计算机模拟。其结果是：朝阳能从东面和北面的窗子射入，但有了2.7m的挑檐，上午10：00开馆后，直射光是不可能射入的。

位于中央的小瀑布。右侧是图书馆，左手是门厅和停车场等

左　门厅。正面是阅览室。是一个高8m的空间，能作为多功能厅使用
右　一层的阅览室。格子顶棚的内部照明采用玻璃布，没有阴影

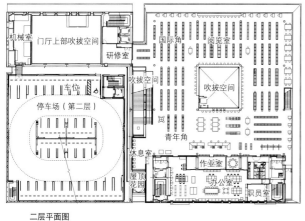

二层平面图

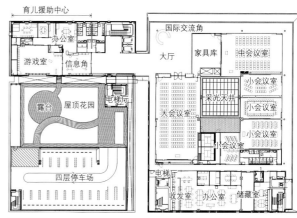

四层平面图

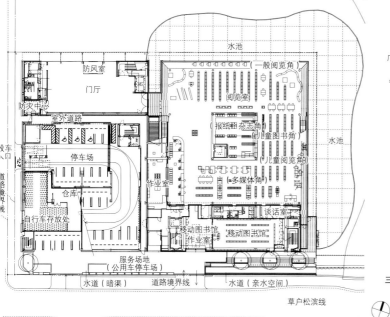

一层平面图1/1000

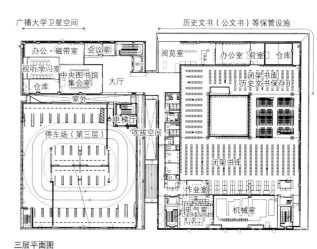

三层平面图

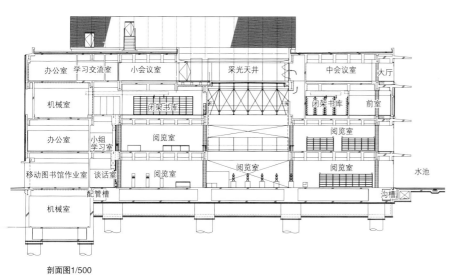

剖面图1/500

福山市中央图书馆·老人学习中心
学习馆ROSEKOMU

所在地●广岛县福山市霞町1–10–1 主要用途
●图书馆、历史资料室、育儿援助中心、会议
室、停车场 地域·地区●商业地域、准防火
地域 建筑密度●80.29%（容许90%） 容积
率●228.45%（容许400%） 前面道路●南侧
15m 停车台数●141台 用地面积●4837.89㎡
占地面积●3884.17㎡ 建筑总面积●13815.08㎡
结构·层数●SRC结构、一部分RC结构、地下
1层·地上4层 各层面积●地下一层388.64㎡、
一层3652.65㎡、二层3186.92㎡、三层3406.40㎡、
四层3118.06㎡、楼顶阁层62.41㎡ 基础·桩●
桩基础 高度●最高高度18.6m、檐高17.185m、
层高4.8m（一至二层）、室内净高3.58m（阅
览室） 主跨度●11.7m×11.7m 委托建设单
位（甲方）·运营者●福山市 设计●日建设计
（建筑：江副敏史、结构：原克己、设备：堀川
晋） 监理●福山市（建设局建筑部营缮科） 施
工●建筑：户田建设·占部建设工业·山阳土建
工业JV（成相行夫）、空调·卫生：高砂热学工
业·三幸社·丸福设备工业JV（仲贡）、电气：中
电工·TATSUMI电工·坂本电气工事JV（小田
勉） 设计时间●2005年3月~11月 施工时间
●2006年6月~2008年3月 开馆日●2008年7月
1日 总工费●45亿5058万7808日元（含税）

③

利用钢结构轻盈地开窗

白色教堂

大阪市住之江区

基本设计·实施设计审查：青木淳建筑设计事务所

埋置在墙面的钢环
象征着戒指和永远

白色钢环作为结构体形成了墙的造型。设计者青木淳先生说："想营造出整个空间都被气体、液体等以多孔状的形式所填满的感觉，再从这充满的状态中切割出我们需要的空间"。

四个直径600mm的钢环组成1个单元，再用单元去构成墙面，使用了1500个以上的钢环。负责结构设计的空间工学研究所代表冈村仁先生对墙面结构考虑如下：

"首先考虑了最小单位。从力学上看，三角形是最强的。用三角

形做成立体，虽可形成正四面体，但正四面体不能完全填充空间。将正四面体的角切掉后的截角四面体由4个正六边形和4个正三角形组成，这种形状可完全填充空间。"（冈村先生）将截角四面体的内切圆换成钢环，就产生了现在的单元组合。

钢环墙面以150°的角度形成"く"字形。单元组合在平面上是正六角形和正三角形的连续组合，这种网格往上连续重叠，以30°为单位改变拼接方向。

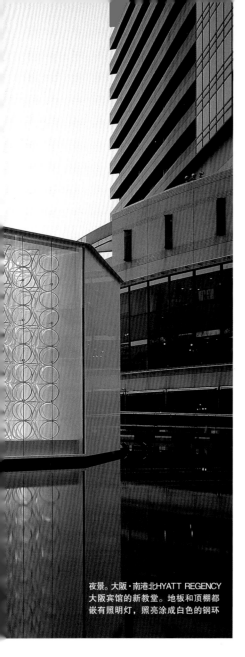

夜景。大阪·南港北HYATT REGENCY大阪宾馆的新教堂。地板和顶棚都嵌有照明灯，照亮涂成白色的钢环

青木先生说："其结构同钻石的结晶相同，钢环象征着指环，圆形意味着永远，这符合结婚仪式场所，因此提案被采用了"。

灯光使得这些钢环格外漂亮。大家认为："设计简朴，对男性来说也是无法抗拒的。"所以作为能够进行夜间婚礼的礼拜堂，有很高的人气。

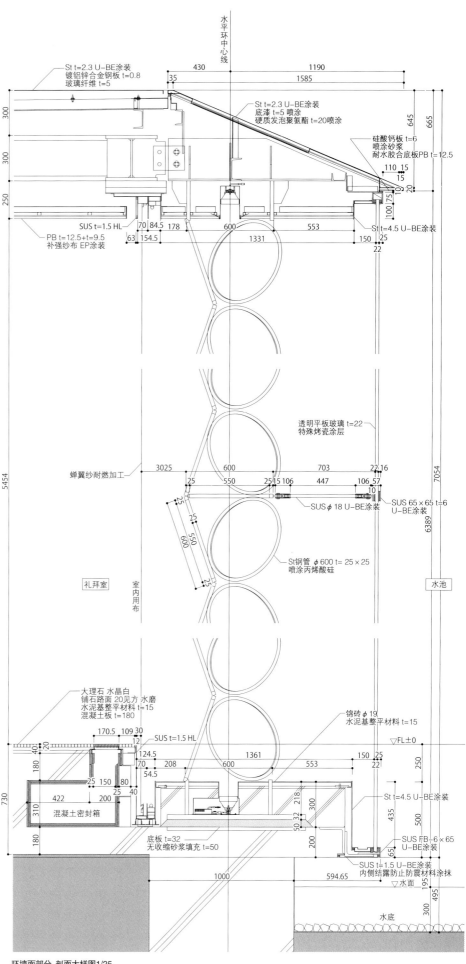

环墙面部分 剖面大样图1/25

上　礼拜室内部。双重环图案的白色蝉翼纱遮住了墙面
下　考虑到施工和清扫，钢环直径设计为600mm。每个重量为9kg

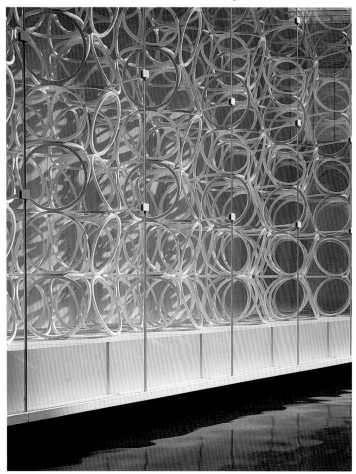

结构设计者的声音
环以外的形状也是成立的
空间工学研究所代表
冈村仁

　　这个结构不仅可用于墙，也可用来支撑地板。利用从庞大的结构体上抠除部分单元并做成拱形的方法，可以做到一定程度的跨度。这次用的是环，但其实什么样的形状都是可行的。也不局限于正多边形。只要考虑新的连接方法就可以。

　　这种结构是空间框架的一种。作为空间框架，立体桁架比较多见，因为已固定于一种形式，最近开发得不多。我想空间框架还有很多可能性。因为单元形式的不同，组合方法也会随之变化。单元和整体的关系设计是一个有趣的话题。

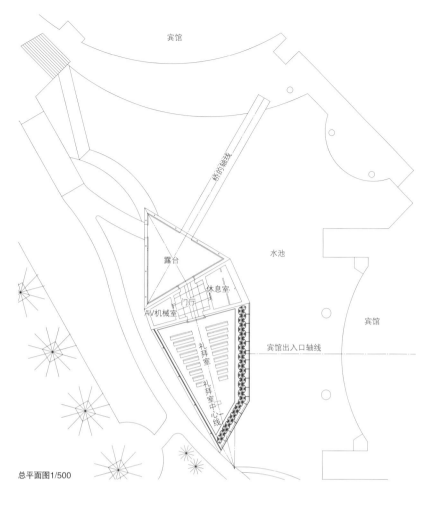

总平面图1/500

剖面图1/300

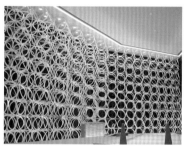

上 钢环的大模型。焊接接合
中 钢环的施工现场。在工厂制作了9大块，运到现场组装。每组用H型钢的装配件固定
下 在现场确认灯光

白色教堂

所在地●大阪市住之江区南港北1-13-11 主要用途●宾馆（结婚仪式式场所） 地域·地区●城市规划区域内、市街化调整区域、准工业区域 建筑密度●40.26%（容许60%） 容积率●286.83%（容许300%） 用地面积●23428.67㎡ 占地面积●236.41㎡ 建筑总面积●262.58㎡ 结构·层数●S结构·一部分RC结构，地上2层 基础·桩●桩基础 高度●最高高度GL+6.320m，檐高GL+6.020m，层高2.870m，室内净高5.450m（礼拜室） 主要跨度●13.5m（屋顶钢框架） 委托建设单位（甲方）●大林组 基本设计●建筑：青木淳建筑设计事务所（青木淳）、结构：空间工学研究所（冈村仁）、结构协助：腰原干雄·东京大学副教授 实施设计●审查：青木淳建筑设计事务所（青木淳）、建筑：G+B工作室（十代田敦）、结构：大林组（西村胜尚）、设备：大林组（高田隆司）、照明：AITEIERU（冈安泉）、织物：NUNO（安东阳子） 施工●建筑：内外TEKUNOSU（安东诚）、空调：三晃空调、卫生：淡岛设备、电气：KINDEN、SEIDEN 设计时间●2005年9月～11月 施工时间●2005年12月～2006年4月
[外部装饰]屋顶●镀锌钢板t=2.3 涂丙烯酸树脂烘干 外墙●大理石（水晶白）t=25水磨、清水混凝土饰面补修 外围装配件●SUS门、透明平板玻璃幕墙 t=22（SUS MPG构造方法）、t=19（FIX）

全景。钢环墙面承受的荷载为垂直荷载与风荷载。水平荷载由RC结构的核心部分承担

lotus beauty salon

三重县桑名市

设计：中村拓志/NAP建筑设计事务所

▶左 四面玻璃的建筑物屋顶，由直径6cm的钢管柱不规则地支撑着

右 具有包厢感的理发空间。壁脚板也做了弧度处理，消除了板与墙的接缝，使空间更有进深感。直射光能照到的空间都用窗帘遮挡

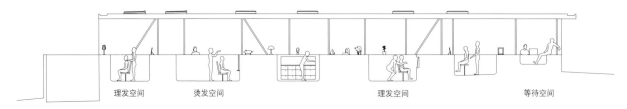

理发空间　　　烫发空间　　　　　　　理发空间　　　　　等待空间

剖面图1/200

在三重县桑名市郊区的lotus beauty salon中，设计者中村拓志先生提出了"包厢感"。方案最后达到的效果是通过隔墙的变化突出包厢的感觉。理发、洗发等各功能都设置独立的圆形空间。各空间被隔开，但又相互连接着。隔墙的高度为1.4m。客人坐在座位上，看不到其他客人和店内。一旦站起来，就能够看到约100坪（1坪≈3.3m²）的店内全貌。

虽说有包厢的感觉，但中村先生注意到狭小的空间会产生压迫感，所以取消了直线以及隔墙与地板的分界线，全部涂成了白色，力争做到素面装饰。

建筑四周全部由玻璃构成，从外面能看到的只是细细的钢管。"想尽量把钢管柱做细"（中村先生），直径6cm，不规则地立在弯曲的隔墙上。

部分是斜撑支架，还有一部分看起来像柱子，其实是屋顶雨水排水沟及电气的配管。在高度一致的隔墙上面与顶棚之间，不规则地竖立着直径6cm的钢管柱及配管，这是一个很有特色的景象。

弯曲的隔墙给予理发、烫发等空间"包厢"的感觉，但又相互连接着。隔墙上面是一个平面，在前台（照片左侧）可以作为桌子使用，别人看不到里面理发空间的人。从这边往里看，地板是有坡度的

104

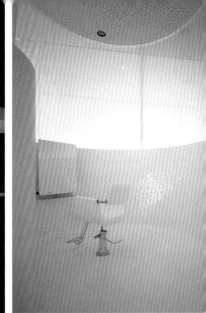

四周由玻璃构成
包裹着钢管柱林立的空间

上 南侧全景。墙壁配合了沥青路面的色调，像是沥青路面的延续，墙壁的上面全部使用了透明玻璃
下 从中央的员工空间看理发、烫发空间。隔墙内部有储藏、洗涤槽、空调管道、钢管柱的混凝土柱脚等

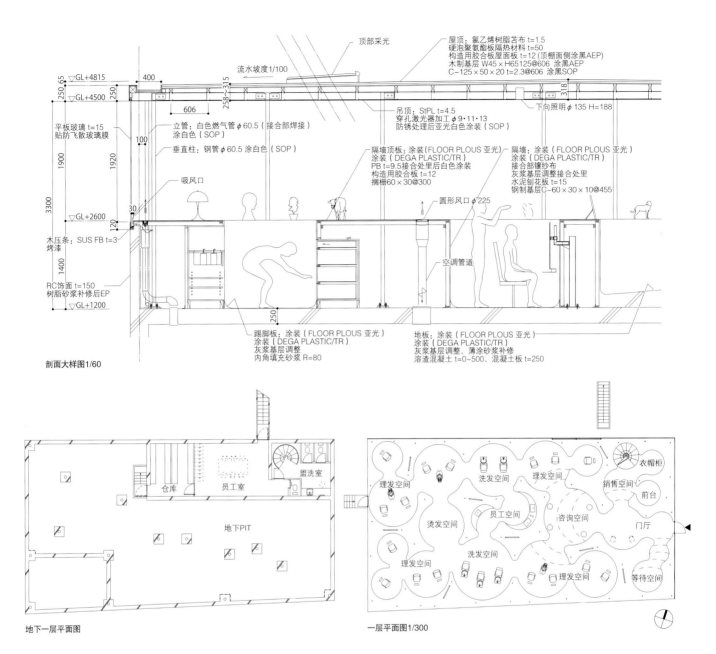

顶部采光

流水坡度 1/100

屋顶：氯乙烯树脂苫布 t=1.5
硬泡聚氨酯板隔热材料 t=50
构造用胶合板屋面板 t=12（顶棚面侧涂黑AEP）
木制基层 W45×H65125@606 涂黑AEP
C-125×50×20 t=2.3@606 涂黑SOP

▽GL+4815
250.65
▽GL+4500
250
400
606
258~315
318

平板玻璃 t=15
贴防飞散玻璃膜
1900
1920

立管：白色燃气管 φ60.5（接合部焊接）涂白色（SOP）

垂直柱：钢管 φ60.5 涂白色（SOP）

吊顶：StPL t=4.5
穿孔激光器加工 φ9·11·13
防锈处理后亚光白色涂装（SOP）

下向照明 φ135 H=188

隔墙顶板：涂装（FLOOR PLOUS 亚光）
涂装（DEGA PLASTIC/TR）
PB t=9.5 接合处理后白色涂装
构造用胶合板 t=12
搁栅 60×30@300

隔墙：涂装（FLOOR PLOUS 亚光）
涂装（DEGA PLASTIC/TR）
接合部镶纱布
灰浆基层调整接合处里
水泥刨花板 t=15
钢制基层 C-60×30×10@455

3300

▽GL+2600
吸风口
30
100
120

圆形风口 φ225

木压条：
烤漆
SUS FB t=3

250

空调管道

1400

RC饰面 t=150
树脂砂浆补修后EP
▽GL+1200

剖面大样图 1/60

踢脚板：涂装（FLOOR PLOUS 亚光）
涂装（DEGA PLASTIC/TR）
灰浆基层调整
内角填充砂浆 R=80

地板：涂装（FLOOR PLOUS 亚光）
涂装（DEGA PLASTIC/TR）
灰浆基层调整、薄层砂浆补修
溶渣混凝土 t=0~500、混凝土板 t=250

盥洗室
仓库
员工室
地下PIT

地下一层平面图

理发空间　洗发空间　理发空间　销售空间
衣帽柜
烫发空间　员工空间　咨询空间　前台
洗发空间　门厅
理发空间　理发空间　等待空间

一层平面图 1/300

左　门厅周围的地面较高。在地面最高的等待空间，隔墙上的平面用来当凳子
右　从洗发空间看理发空间。弯曲的隔墙隔出的理发空间有1人间和2人间，共16个座位，这样客人就可以不在乎别人的视线

lotus beauty salon

所在地●三重县桑名市星见之丘6-905　主要用途●美容院　地域·地区●第二类住居专用地域　建筑密度●43.31%（许可70%）　容积率●82.04%（容许200%）　前面道路●南21.9m、北6m　停车台数●18台　用地面积●763.59㎡　占地面积●330.72㎡　建筑总面积●626.43㎡　结构·层数●S结构·一部分RC结构、地下1层·地上1层　各层面积●地下一层295.71㎡、一层330.72㎡　基础·桩●桩基础（PHC桩）　高度●最高高度4.10m、檐高3.79m、一层层高3.50m　室内净高2.80m~3.30m　委托建设单位（甲方）●SHISUTAA（小川清子）　设计·监理●中村拓志/NAP建筑设计事务所（铃木亚生）　设计协助●结构：OOKU结构设计（新谷真人）　施工●加纳工务店（棚濑穰）　施工协助●钢框架：高桥工业（高桥和志）、电气：吉田电气工事（牧三一）、空调：协荣兴业（松原博文）、卫生：YUNION商事（平野治美）、涂装：ATALIA（伴政机）、窗帘：NUNO（安东阳子）　设计时间●2004年4月~2005年4月　施工时间●2005年5月~2006年1月　总工费●1亿1193万1407日元

[外部装饰] 屋顶●钢框架木制基层上构造用胶合板·硬泡聚氨酯板t=50mm·卷材防水　外墙●RC t=150mm及250mm·树脂砂浆补修后EP　围墙装配件●平板玻璃t=15mm、钢窗、顶部采光

STRONG BUILDING

神户市中央区
设计：竹中工务店

只有楼板与钢柱构成
柱的接合部不需焊接

自动式停车场的白天与夜晚（右页）。楼板的下面没有机械设备。为了防止车辆下落，使用了构造用多股绞绳。并用安装在地板上的荧光灯照射

建在神户·三宫站附近的STRONG BUILDING，白天和夜晚的景色完全不同。白天，围绕着二至七层自动式停车场的不锈钢板，滤光镜般柔和地映射着周围的景色。夜晚，多层RC无梁楼板被灯光照射着，浮出黑暗。

设计者竹中工务店大阪本店设计部须贺定邦先生，将"还原"作为设计的主题。在一层出租店铺上面，建了停车场和楼顶层的出租办公楼。"将古典的3层构成，用现代的多层叠加地面构成予以还原"（须贺先生）。

从东侧看到的全景。不锈钢板映射着周围

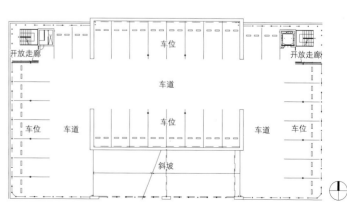

二至七层平面图1/500

去掉所有要素，剩下的是RC无梁楼板、承重墙和钢柱构成的结构体，以及不锈钢板。目的就是通过最少限的要素，设计出停车场建筑的原型。

300mm厚的无梁楼板，由直径200mm的原色纯钢柱和350~500mm的RC承重墙支撑。竹中工务店以前也采用过无梁楼板，这次相当于改良型。

钢柱作为负担长期轴力的架构，设计成柱的接合部不需焊接，加工成球面搁上即可的构造。地面楼板混凝土现浇的次日进行柱的安装，据说每根只需5分钟。

须贺先生从水幕的配管、照明等设备，到施工做了很多工作，尽力做到以适当的价格提供美的建筑。这也是尝试设计、结构、设备、施工等职能"还原"的结果。

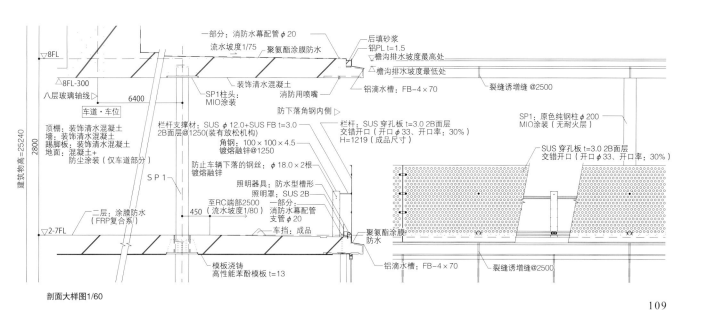

剖面大样图1/60

白天与夜晚完全不同的景色。无梁楼板的端部竖起的不锈钢板，使得楼板显得很薄。由于临近大海，考虑到建筑的寿命成本，采用了不锈钢的2B材料。通过耐火性能检证法确认，停车场大部分的柱子大都没有做耐火饰面

钢柱施工现场。为了确保垂直精度，用链子拉着四个方向固定。缝隙填充无收缩砂浆。直径200mm原色纯钢柱，在船舶机械加工厂将柱头、柱脚部分加工成了球面状

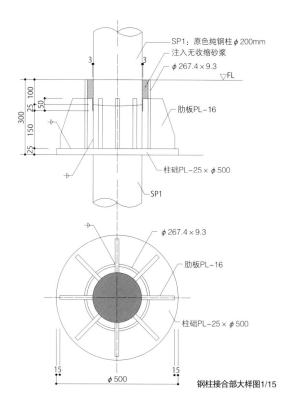

钢柱接合部大样图1/15

STRONG BUILDING

所在地●神户市中央区江户町96　主要用途●自动式停车场（二至七层）、出租店铺（一层）、出租办公室（八层）地域・地区●商业地域　建筑密度●82.03%（容许100%）容积率●438.97%（容许700%）前面道路●东15.8m、西11.8m　停车台数●203台　用地面积●1201.60m²　占地面积●985.62m²　建筑总面积●6593.34m²　结构・层数●RC结构・S结构、地上8层　基础・桩●直接基础（GL−4.8m灰浆地基改良）高度●最高高度25.24m、檐高25.24m、层高2.8m、室内净高2.5m　主跨度●8.3m×5.0m　委托建设单位（甲方）●STRONG 有限公司（远东）运营者●SORYUUSYONZU·JAPAN　设计・监理●竹中工务店（总负责：古川博司、建筑：须贺定邦、结构：中平和人、设备：横山喜宜）设计协助●耐火性能检证法：FSE(古平章宜)、照明：AZU设计工房（田村利夫）施工●竹中工务店（田中克己）设计时间●2004年5月～2005年2月　施工时间●2005年3月～11月

[外部装饰]屋顶●混凝土涂膜防水　外墙●装饰清水混凝土　外围装配件●平板玻璃MPG工法

M-CLINIC

东京都大田区

设计：笹敦+泽口直树

三层平面图1/150

在正面宽度4.6m、面积约70㎡的狭小用地上建的3层诊疗所。北侧钢框架结构组成的宽1m×长12m的吹拔空间，使得开放性和亮度有了更好的效果，并向各个封闭的私密房间射入了柔弱的间接光。

コ字形剖面的RC墙是独立的主要结构体，除此之外的地板、楼梯、阳台、幕墙等由钢件构成。因此边意识SI结构（SKELETON·INFILL），边尽量在建筑语言中尝试积极使用RC以外的要素。

关于钢框架部分，尽量模式化，努力将皮肤般柔软的外皮以合乎逻辑的构造加以实现。

由斜撑和格栅抑制着水平方向变形的钢框架，从RC建筑主体结构中独立出来。每块玻璃由10处不锈钢板固定支撑着。为了减少钢件的

维修，未使框架露在外面。

为了不遮住北侧开放面的光线，支撑玻璃立面的框架尽量使用了细的构件，并使用通用的钢材料进行了组装。为了减轻固定荷载，地面采用了合成板，北侧12m的跨度用无柱的拉杆桁架式大梁支撑，

从西南方向看到的全景。只有镶着玻璃的北侧部分是钢结构。由格栅室外平台和内部楼梯构成

使用RC主体结构具有开放性
使用通用材料作为柔软的膜材料

制作了轻型的薄型地板。

如果使用钢材的通用材料进行组装，只要有设计图纸和焊接技术，就可以进行施工和修缮。但实际上，由于技术水平的降低和熟练工的减少，现在已经很大程度依赖成品。从这个意义来看，此建筑是一个希望一直同手艺人合作下去的设计。

一层。以中央为界，左侧是RC结构，右侧是S结构。前后方向的12m跨度由拉杆桁架式大梁支撑

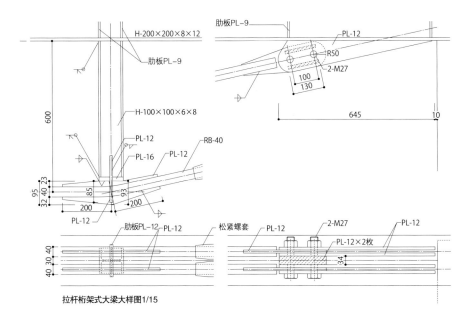

拉杆桁架式大梁大样图1/15

上　仰视出入口部分。格栅上放了厚6mm的平板玻璃并贴了膜
下　通向三层的楼梯。踏板部分是4.5mm厚的铁板上放了18mm厚的成材芯板

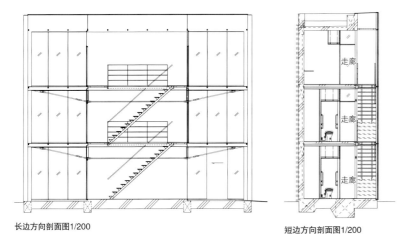

长边方向剖面图1/200

短边方向剖面图1/200

M-CLINIC

所在地●东京都大田区蒲田　主要用途●诊疗所　地域·地区●市区化区域、第一类住宅专用地域　建筑密度●57.98%（容许60%）　容积率●173.93%（容许232.8%）　前面道路●西南5.82m　停车台数●0台　用地面积●71.51㎡　占地面积●41.46㎡　建筑总面积●124.38㎡　结构·层数●RC结构·一部分S结构、地上3层　基础·桩●板式基础　高度●最高高度9.90m、檐高9.85m、层高3.00m、室内净高2.75m　主跨度●3.2m×12.0m　企划者●吉富兴产(泽口直树)　设计·监理●笹敦+泽口直树　设计协助●建筑：后藤壮大、结构：空间系统研究所（笹仁）、北岛健树　施工●平林工务店（大川守）　设计时间●2004年11月~2005年6月　施工时间●2005年6月~2006年2月

[外部装饰]屋顶●外保温卷材防水　外墙●混凝土原浆饰面SG涂装　外围装配件●钢热浸镀锌OP涂装

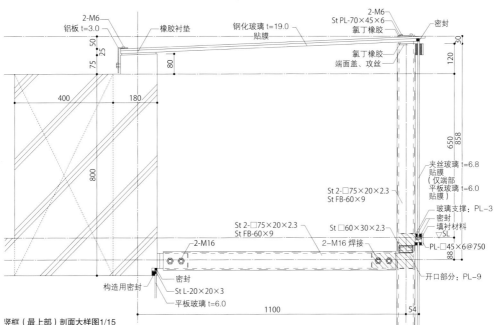

竖框（最上部）剖面大样图1/15

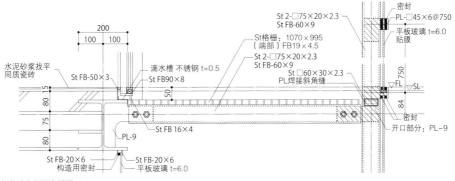

竖框（格栅部分）剖面大样图1/15

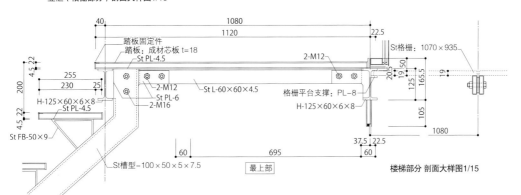

楼梯部分 剖面大样图1/15

下川牙科医院

福冈县筑后市

设计：SUEP.

位于福冈县筑后市主干线道路旁的下川牙科医院诊疗室。正面墙上设置的像小花纹一样的树叶形开口部，是参考日本纸的图案设计的。中央核心部分的周围设置了顶部采光（照片左上）。自然光的采光量多于一般的诊疗设施

树叶形的开口吸引着视线

看东南角。各房间的外墙面错落有致。建筑物的中央部设置了混凝土砌块结构的核心筒，承受地震力。为了制作薄而轻的墙，外周的柱和梁使用的是轻质钢结构

下川牙科医院建在离福冈市中心约1小时车程、JR羽犬塚站附近的主干线道路旁。外墙上小花纹般的图案是尝试设计的树叶形状的镶有玻璃的窗。在建筑物稀少的周边环境中，突显出它的存在感。

因为用地在郊外，只能开车前往。业主下川圣人先生说："希望设计成开车经过的当地居民们从车窗看到时会对这里感兴趣的方案。"为了满足这个要求，负责设计的SUEP.公司的末光弘和先生与阳子女士独自设计、制作了有特色的外装材料。

在1.6mm厚的钢板上，用激光切割出树叶形状的开口。开口部镶了玻璃，内侧安装了同墙厚度的窗套。从策划阶段便同加工工厂共同协商、制作，将制作的成品搬入现场。

开口部激光切割所需成本，包括窗套加工，每处约5000日元。末光弘和先生说："从策划阶段便同加工厂建立合作关系是制作物美价廉产品的最重要的因素"。

建筑平面的布置是，中心部集中放置设备，服务空间围绕中心部展开。该建筑的特点是外墙是错落的，根据空间的功能进行了分割。不同功能的空间，外墙被错开，创造出一种独特的格调。外墙错开产生的缝隙又设计成窗户，通过这个窗户，自然光很自然的被引入室内，而从室内也可欣赏建筑物周围的绿色。

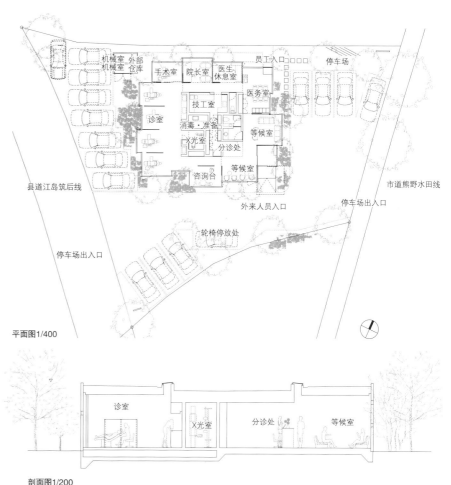

平面图1/400

剖面图1/200

下川牙科医院
所在地●福冈县筑后市大字和泉字前田89-1　主要用途●诊疗所　地域·地区●第一类住宅地域、市区化区域、法第22条区域、城市规划区域内　前面道路●东16m、西6m　用地面积●738.98㎡　占地面积●189.11㎡　建筑总面积●185.09㎡　结构·层数●S结构·一部分混凝土砌块结构、地上1层　各层面积●一层185.09㎡　基础·桩●板式基础　高度●最高高度3.66m、檐高3.28m、层高3.1m、室内净高2.8m　主跨度●2.2m×2.2m　委托建设单位（甲方）●下川圣人　设计·监理●一级建筑师事务所SUEP.（末光弘和、末光阳子）　设计协助●结构：坪井宏嗣结构设计事务所（坪井宏嗣）、电气：TWO-

PLAN（塚田文哉）　施工●大薮组（江岛良一）　施工协助●空调·卫生：牟田商会（牟田利弘）、外墙：高浜工作所（井上武）、钢窗：末光硝子商会（末光亨）　设计时间●2008年1月～10月　施工时间●2008年11月～2009年4月　开业时间●2009年5月7日

[外部装饰] 屋顶●薄板屋面防水（顶部涂指定色）　外墙●多锌油漆底料上氟树脂涂膜　外围装配件●铝窗（电解着色）　外部结构●停车场铺装：铺EG（加州建设）

[内部装饰] 玄关、等候室、诊室等●地板：同质P地板砖　墙：MDF合板激光切割加工 抹腻子后涂UP　顶棚：PB上糊乙烯基墙纸

从室内看树叶形的窗子。窗套涂成了绿色，光线带着淡淡的颜色射入室内

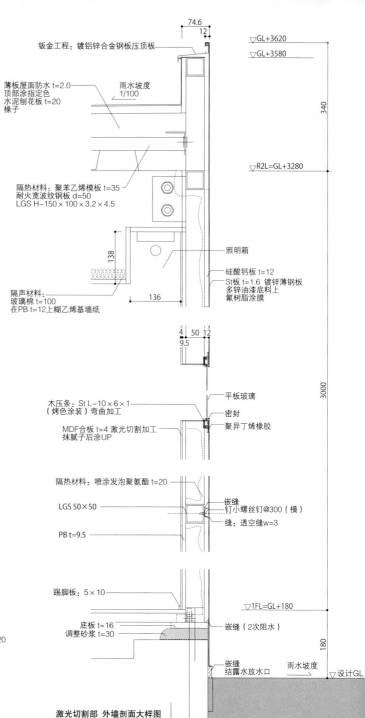

钣金工程：镀铝锌合金钢板压顶板

薄板屋面防水 t=2.0
顶部涂指定色
水泥刨花板 t=20
椽子

雨水坡度 1/100

▽GL+3620
▽GL+3580

340

隔热材料：聚苯乙烯模板 t=35
耐火宽波纹钢板 d=50
LGS H-150×100×3.2×4.5

▽R2L=GL+3280

138

照明箱

硅酸钙板 t=12
St板 t=1.6 镀锌薄钢板
多锌油漆底料上
氟树脂涂膜

136

隔声材料：
玻璃棉 t=100
在PB t=12上糊乙烯基墙纸

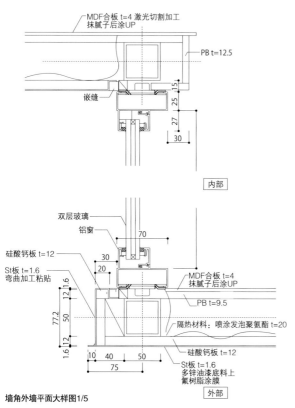

MDF合板 t=4 激光切割加工
抹腻子后涂UP

PB t=12.5

嵌缝

15
25
27
30

内部

4 50 12
9.5

平板玻璃

木压条：St L-10×6×1
（烤色涂装）弯曲加工

MDF合板 t=4 激光切割加工
抹腻子后涂UP

密封

聚异丁烯橡胶

隔热材料：喷涂发泡聚氨酯 t=20

LGS 50×50

嵌缝
钉小螺丝钉@300（横）

缝：透空缝 w=3

PB t=9.5

3000

双层玻璃
铝窗

硅酸钙板 t=12
St板 t=1.6
弯曲加工粘贴

70
30
20
12
1.6
77.2
50
12
1.6

MDF合板 t=4
抹腻子后涂UP

PB t=9.5

隔热材料：喷涂发泡聚氨酯 t=20

硅酸钙板 t=12

St板 t=1.6
多锌油漆底料上
氟树脂涂膜

10 40 50
75

外部

墙角外墙平面大样图1/5

踢脚板：5×10

▽1FL=GL+180

底板 t=16
调整砂浆 t=30

嵌缝（2次阻水）

180

嵌缝
结露水放水口

雨水坡度

▽设计GL

激光切割部 外墙剖面大样图
1/10

夜间，灯光使建筑立面浮出黑暗。也像是一个雅致的室外广告牌。作为沿道建筑，希望能作为车窗的景色且引起人们的兴趣

灵活通透的表皮结构

提起通透的表皮结构，首先想到的是格栅。
目的是为了控制阳光和视线。但不仅限于此，
有的案例是为了和周围的尺度感相协调，
有的是为了巧妙利用远近的不同效果。
除格栅外，还收录了各种各样的通透表皮结构。

① 各种材料的近期作品

陶制格栅

千趣会新本社大楼
大阪市北区
设计：竹中工务店

左　从西南侧看到的全景。上部的屋顶窗和倾斜屋顶，从远处看像是美丛（馆）　　右　离建筑物越近，透明度越强

从远处看像是馆的剪影 离建筑物越近 透明度越强

该建筑位于大阪市北区同心。在谷町筋拐弯，到第一个十字路口再拐弯，就能看到屋形建筑。这就是以目录购物商场销售衣服、杂货等出名的千趣会的新本社大楼。10层楼规模并不小，但自然的外观同周围环境融为一体，让人们感觉不到压迫感。

立面是从目录销售事业的名牌"倍美丛（漂亮的馆）"联想到的。行待裕弘社长说："希望建筑物的立面像美丛店那样，作为企业时刻迎接顾客的形象。"设计者原田哲夫先生（竹中工务店设计部课长）

接受了行待裕弘社长的想法。

原田先生的回答是，不仅仅是通过立面表现馆。"隔开一段距离看整体时，馆是被具象化的。反之，离得越近要素就被分解成部件，而变得透明。"（原田先生）这部件就是建筑物表面的陶制格栅。

控制视线的同时使光线柔和

下层设置的大开口，上层的倾斜墙、细长窗等，在近处看不过是一个要素，但从远处眺望，倾斜屋顶、屋顶窗会给人们馆的感觉。

格栅将街道和建筑物缓缓地结

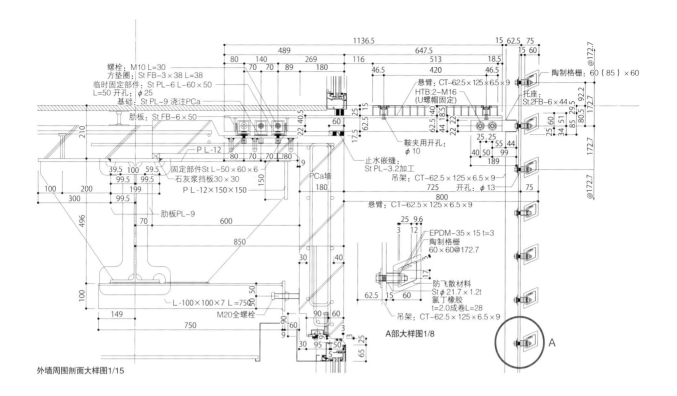

外墙周围剖面大样图1/15

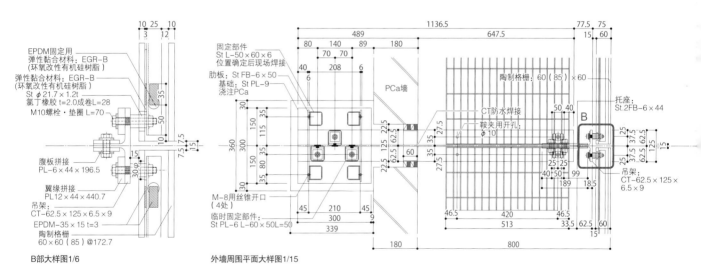

B部大样图1/6

外墙周围平面大样图1/15

从内侧看格栅安装细部。格栅中空部分有加固用3mm厚的钢材，同时还有防飞散材料。格栅的断面为菱形，遮住了从下往上看的视线

格栅吊架一体化

从地面端部伸出了钢悬臂，竖向吊着T形断面的钢骨架。长度1660mm的格栅横跨吊架用螺栓固定，像是用格栅加固吊架。INAX制陶制格栅与玻璃开口之间设置了格栅，作为维修用空间。

二层大会议室的边侧空间。柔和的光线进入室内

千趣会新本社大楼

所在地●大阪市北区同心1-8-9　主要用途●事务所　地域・地区●商业地域・防火地域　建筑密度●72.4%（容许100%）容积率●599.8%（容许600%）　前面道路●西侧11m　停车台数●20台　用地面积●1225.55㎡　占地面积●887.97㎡　建筑总面积●8242.54㎡　结构・层数●SRC结构・RC结构、S结构、地下1层地上10层、楼顶间1层　基础・桩●扩展基础　高度●最高高度43.05m、檐高38.45m、层高3.8m、室内净高2.8m　主跨度●27.25m×8.65m　委托建设单位（甲方）●千趣会　CM●住友信托银行　设计●竹中工务店（建筑：原田哲夫、结构：中平和人、设备：椎叶隆代、产品：石飞博、技术：丰永秀男）设计协助●照明设计：BONBORI光环境设计（角馆政英）、标识设计：广村设计事务所（广村正彰）施工●竹中工务店（绪方政继）设计时间●2006年2月～2007年1月　施工时间●2007年2月～2008年6月　使用开始时间●2008年7月[外部装饰]屋顶●沥青隔热防水压混凝土　外墙●陶制格栅　外围装配件●铝挤压成型材料阳极氧化覆膜后丙烯酸透明电镀　外部结构●花岗石JB & P

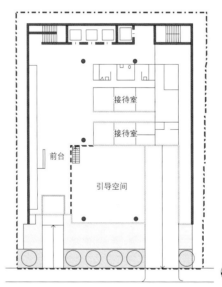

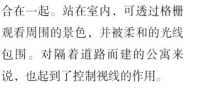

剖面图1/600

一层平面图1/600

五层至九层平面图

合在一起。站在室内，可透过格栅观看周围的景色，并被柔和的光线包围。对隔着道路而建的公寓来说，也起到了控制视线的作用。

原田先生说的"有石灰石质感"的格栅是菱形断面。在适度引入阳光的同时，遮住了从下面来的视线。格栅是陶制的，内部为空心。横跨2个钢吊架，用螺栓固定。面向外部的一侧贴了防飞散材料，即使遭受预想不到的飞来物冲击而破裂，也不会有碎片落下。每根长度1660mm。

关于格栅的外立面的效果，是在竹中工务店大阪本店的御堂大楼的窗户上进行了实物尺寸模型组装并确认后，得到了行待社长的认可。格栅外立面的尺寸和缝隙设定在1：2的比例。

千趣会当初希望格栅的间隔再窄一些。但是，由于间隔过窄室内会有压迫感，因此我们认为格栅的间隔是合适的。

大阪市的中心部北区堂岛，自从在每日新闻大阪本社原址建了大规模办公楼"堂岛ABANZA"以后，开始热闹起来。SHINKOU BUILDING的业主丰原正嗣先生考虑到堂岛将来的发展，重建了没有电梯、设备老化的出租办公大楼。

设计者竹中工务店设计部课长森田昌宏先生通过混凝土、铝窗、单管进行了设计。森田先生说："就是瑞士建筑师皮特·卒姆托先生的建筑，其建筑语言也很少。这也是极简主义的本质。正因为少，才能有丰富的表现"。

走过那京都店铺具有的直通庭院的长引道，同样让人想起店铺的竖格子的单管将门厅与外部隔开。直径48.6mm的单管以125mm左右的间隔将门厅围起。每个单管都插有小一圈的预埋管予以固定。

一部分单管的脚部切割成了椭圆形，埋入氙灯作为脚光。还有一部分切割出了椭圆形组装扩音器。目的是在乘电梯时，使环境音像管乐器的音色一样柔和。机械室安装了自动演奏装置。

另外，单管还起着支撑门厅玻璃屋顶的基层作用。森田先生说："安装单管格子的主要目的是防盗，还有脚灯等更多的功能。设计时以必然性与合理性为大前提的同时，附加一些可回眸一笑的幽默成分"。

丰原先生说："我喜欢这交错形的有特点的正立面。但是，单管连排的内侧氛围好像打动了女性"。

像民居商铺的格子那样周围使用了单管

附加了脚底灯、环境音等功能

钢制单管

SHINKOU BUILDING

大阪市北区
设计：竹中工务店

左 一层北侧的门厅。在单管中，隔一定的距离配有棒钢，支撑着玻璃屋顶
右 面向南侧道路的主立面。交错布置的RC墙给人留下深刻印象

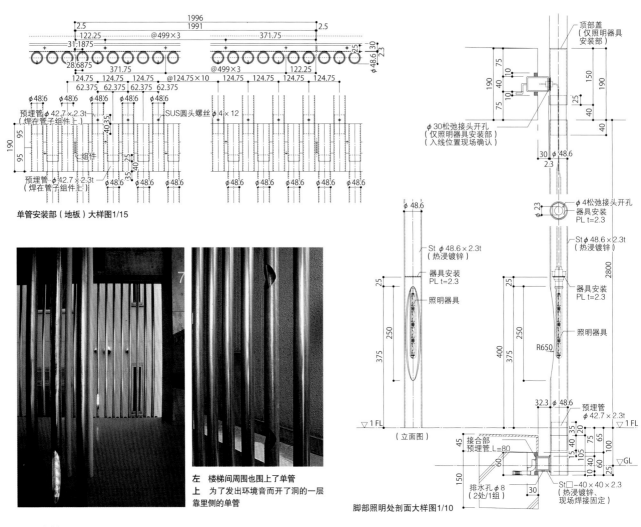

单管安装部（地板）大样图1/15

左 楼梯间周围也围上了单管
上 为了发出环境音而开了洞的一层
靠里侧的单管

脚部照明处剖面大样图1/10

A部大样图1/10

B部大样图1/10

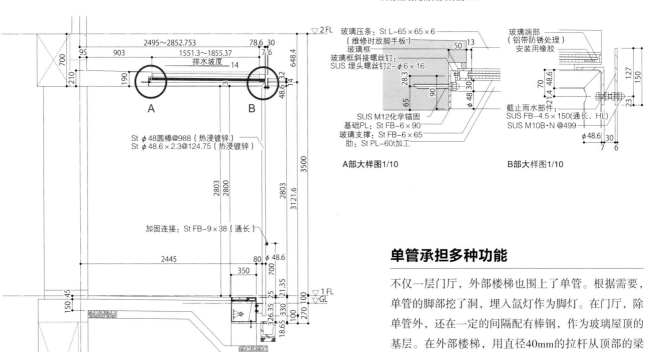

一层门厅剖面大样图1/50

单管承担多种功能

不仅一层门厅，外部楼梯也围上了单管。根据需要，单管的脚部挖了洞，埋入氙灯作为脚灯。在门厅，除单管外，还在一定的间隔配有棒钢，作为玻璃屋顶的基层。在外部楼梯，用直径40mm的拉杆从顶部的梁上吊着地板。

标准层办公室。从4面采光。柱状的墙上以贯通孔作为装饰

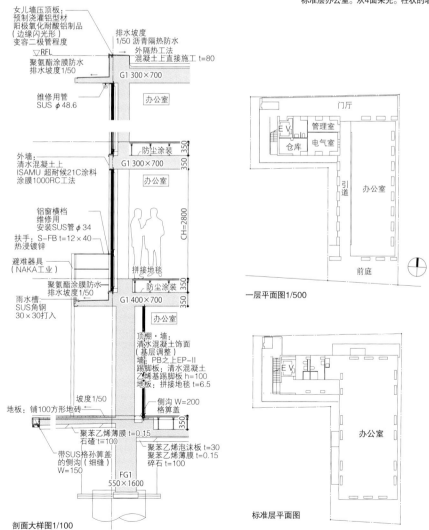

剖面大样图1/100

女儿墙压顶板：
预制浇灌铝型材
阳极氧化耐酸铝制品
（边缘闪光形）
变容二极管程度
▽RFL
聚氨酯涂膜防水
排水坡度1/50

维修用管
SUS φ 48.6

排水坡度
1/50 沥青隔热防水
→ 外隔热工法
混凝土上直接施工 t=80

G1 300×700

办公室

外墙：
清水混凝土上
ISAMU 超耐候21C涂料
涂膜1000RC工法

防尘涂装

G1 300×700

办公室

铝窗横档
维修用
安装SUS管 φ 34

扶手：S-FB t=12×40
热浸镀锌

避难器具
（NAKA工业）

雨水槽：
SUS角钢
30×30打入

拼接地毯

聚氨酯涂膜防水
排水坡度1/50

防尘涂装

G1 400×700

办公室

CH=2800

坡度1/50

地板：铺100方形地砖

侧沟 W=200
格算盖

顶棚·墙：
清水混凝土饰面
（基层调整）
墙：PB之上EP-II
踢脚板：清水混凝土
乙烯基踢脚板 h=100
地板：拼接地毯 t=6.5

带SUS格孙算盖
的侧沟（细缝）
W=150

聚苯乙烯薄膜 t=0.15
石碴 t=100

聚苯乙烯泡沫板 t=30
聚苯乙烯薄膜 t=0.15
碎石 t=100

FG1
550×1600

FG1

350 350 350 350

350

一层平面图1/500

门厅
E V
管理室
仓库
电气室
引道
办公室
前庭

标准层平面图

E V
办公室

仰视外部楼梯。用拉杆吊着

SHINKOU BUILDING

所在地●大阪市北区堂岛2-3-7 主要用途●出租办公楼 地域·地区●商业地域、防火地域 建筑密度●76.10%（容许90.0％） 容积率●430.69%（容许436.20％） 前面道路●南侧7.27m 用地面积●340.60㎡ 占地面积259.21㎡ 建筑总面积●1466.94㎡ 结构·层数●RC结构·一部分S结构、地上7层 高度●最高高度25.60m、檐高24.60m、层高3.50m、室内净高2.80m 委托建设单位（甲方）●丰原伸行·正嗣·千明 设计●竹中工务店（建筑：森田昌宏、结构：松本忠史、设备：山崎将吾）设计协助●照明设计：AKARI & DESIGN（吉野弘惠）、音响设计：ERU·PURODYUUSU（井出祐昭）施工●竹中工务店（道永昭）施工协助●电气：朝阳电气（仲佐繁）、空调·给排水·卫生：DAIDAN（池田光宏）、电梯：日立BIRUSHISUTEMU（上西浩典）施工时间●2006年11月～2007年8月

淡化集合住宅的存在
渗透在森林的晃动中

铝格栅

森之邻

东京都品川区
设计：武井诚+锅岛千惠/TNA

　　"在森林旁边建什么样的建筑"成为当时设计的出发点。"森之邻"这个名字就是取自设计当初的关键字。

　　企划者都市设计系统SASUTEIN ABURU开发事业部（当时）的黑田大志先生谈了以下原则："在以长屋形式确保住宅性的前提下，将森林的环境引入建筑物内。同时还考虑产业废弃物减排和节能等可持续性"。

　　长屋形式的共用部分少，容易管理，施工面积的收益性也比共同住宅有利。但理由不仅仅是这些。从最近的车站到建筑用地，要通过既不属于公道又不属于私道的胡同空间。保留"地域的人们一起居住"的居民意识，人和人的距离就能拉近。长屋也符合这个地域的距离感。

通过格栅的倾斜来表现晃动

　　设计者TNA的武井诚先生很在意一般集合住宅的立面："阳台、平板等的体块摆放整齐，好像在强调这就是集合住宅。但，事实上应该是从生活中流露出的氛围，让大家感觉到生活在集合住宅中。"选择格栅，是想让它起到包裹立面的过滤器的作用。

　　根据北侧面向森林、南侧面向街道的不同环境，采用了横格栅和竖格栅分开使用的方案。北侧使用竖格栅，采光好，还遮住了外部的视线。森林的绿色映在玻璃上，拉近了森林与路人的距离。南侧使用横格栅是期望有遮住日光的功能。

　　格栅窄了像栏杆，宽了失去透明感。因此，决定使用断面10mm×50mm的尺寸，间隔150mm。委托ARUP·JAPAN进行的日光遮蔽效果的解析，显示有效。内山协一设计工作室的内山协一先生负责格栅的断面形状、安装方法、可动部

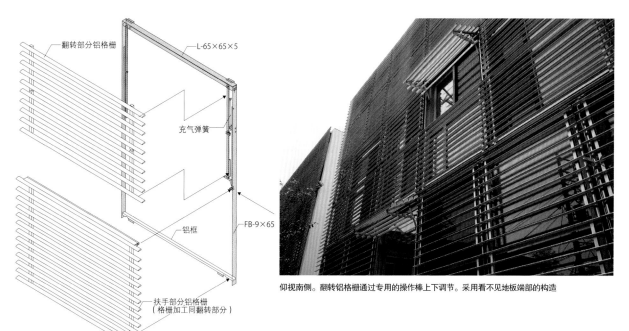

翻转部分铝格栅

L-65×65×5

充气弹簧

铝框

FB-9×65

扶手部分铝格栅
（格栅加工同翻转部分）

南侧格栅组件立面图

仰视南侧。翻转铝格栅通过专用的操作棒上下调节。采用看不见地板端部的构造

分的机构等细部设计。

　　安装格栅造成的南北立面的不均衡节奏，平面上产生了斜着的窗间墙。这是因为住户的开间不同所致。北侧的竖格栅有微妙的角度，同森林的晃动相呼应。并渗透到南面，融进了周围的环境中。

通过翻转式格栅引入阳光

ARUP·JAPAN对温热环境进行了解析。得出了夏季的南面可降低空调负荷约25%的结果。但冬季比没有格栅增加了暖气负荷。为了补充后者，采取了引入阳光的翻转式格栅。

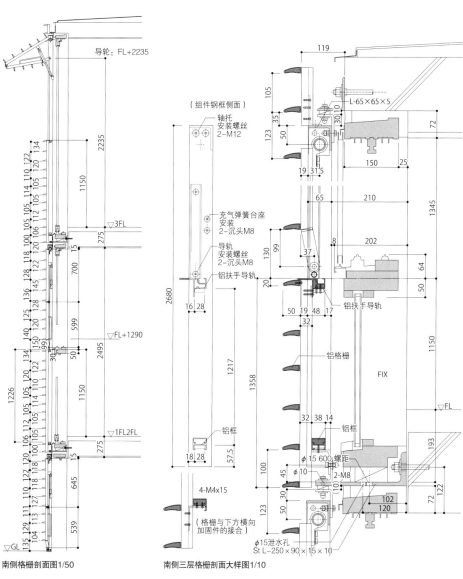

导轮：FL+2235

▽3FL

▽FL+1290

▽1FL2FL

▽GL

南侧格栅剖面图1/50

（组件钢框侧面）

轴托
安装螺丝
2-M12

充气弹簧台座
安装
2-沉头M8

导轨
安装螺丝
2-沉头M8

铝扶手导轨

铝框

4-M4x15

（格栅与下方横向
加固件的接合）

南侧三层格栅剖面大样图1/10

L-65×65×5

铝扶手导轨

铝格栅

FIX

铝框

φ15 600螺距
2-M8

φ15泄水孔
St L-250×90×15×10

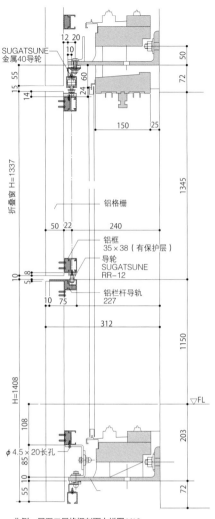

SUGATSUNE
金属40导轮

折叠窗 H=1337

铝格栅

铝框
35×38（有保护层）

导轮
SUGATSUNE
RR-12

铝栏杆导轨
227

312

H=1408

▽FL

φ 4.5×20长孔

北侧一层至二层格栅剖面大样图1/10

上　北侧安装竖格栅。每层腰部以上部分像折叠窗一样能开闭
下　面向林试森公园的北侧住户LDK。在室内感觉不到格栅的存在

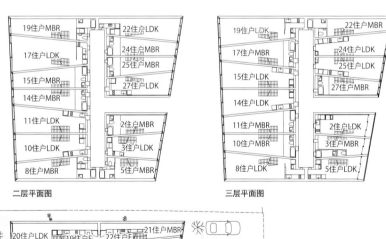

二层平面图

三层平面图

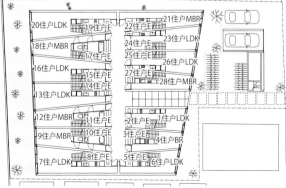

一层平面图1/500

RFL最高高度
▽GL+9990

△RSL 檐高
GL+9765

▽3 FL GL+705

▽2FL GL+428

▽1FL GL+151

▽GL±0

▽BFL GL-1290

森之邻

所在地 ● 东京都品川区小山台　地域·地区 ● 第一类中高层居住专用地域、防火地域、第二类高度地区　建筑密度 ● 51.69%（容许70%）　容积率 ● 154.43%（容许160%）　用地面积 ● 794.94m²　占地面积 ● 410.88m²　建筑总面积 ● 1808.81m²　结构·层数 ● RC结构、地下1层·地上3层　高度 ● 最高高度9.99m　委托建设单位（甲方）● 第一交通产业　企划者 ● 都市设计系统（黑田大志）　设计·监理 ● 武井诚+锅岛千惠/TNA（丹羽润一=原所职员）　监理 ● 都市设计系统（黑田大志）　设计协助 ● 结构：铃木启/ASA（佐久间真美）、设备：环境总系统（木林茂利）、今西设计工房（今西陆生）、环境模拟：ARUP·JAPAN(松延晋）、格栅设计：内山协一设计工作室（内山协一）、照明：LAB-CLEAR(早川泰）、栽植：SOW（坂根久美）　施工 ● 佐井泰秀（森达哉）　施工协助 ● 格栅：村上工业（诹访清）、木制窗：森之窗（西塚伸二）、特制铺地材料：东京木材企业（角谷裕纪）　设计时间 ● 2006年10月~2007年6月　施工时间 ● 2007年6月~2008年6月

[外部装饰] 外墙 ● 清水混凝土直接涂耐候涂料　外围装配件 ● 独创型材可动格栅+木窗、铝窗

126

同一种型材南北分开使用

相同断面的铝型材，北侧竖向使用，南侧横向使用。北侧随意变换角度，表现出了晃动的感觉。格栅的成本含施工费约8万日元/㎡。

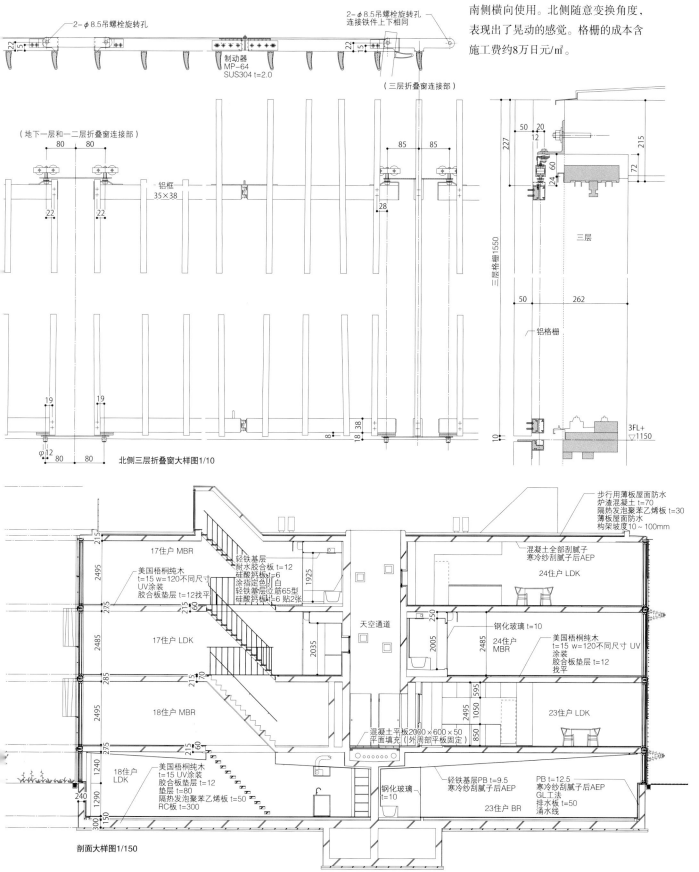

2-φ8.5吊螺栓旋转孔

2-φ8.5吊螺栓旋转孔
连接铁件上下相同

制动器
MP-64
SUS304 t=2.0

（三层折叠窗连接部）

（地下一层和一二层折叠窗连接部）

铝框
35×38

北侧三层折叠窗大样图1/10

三层

铝格栅

三层格栅1550

3FL+
▽1150

步行用薄板屋面防水
炉渣混凝土 t=70
隔热发泡聚苯乙烯板 t=30
薄板屋面防水
构架坡度10～100mm

17住户 MBR

轻铁基层
耐水胶合板 t=12
硅酸钙板 t=6
涂指定色 白
轻铁基层立筋65型
硅酸钙板 t=6 贴2张

美国梧桐纯木
t=15 w=120不同尺寸
UV涂装
胶合板垫层 t=12找平

17住户 LDK

18住户 MBR

18住户
LDK

美国梧桐纯木
t=15 UV涂装
胶合板垫层 t=12
垫层 t=80
隔热发泡聚苯乙烯板 t=50
RC板 t=300

天空通道

混凝土平板2000×600×50
平面填充（外周部平板固定）

钢化玻璃
t=10

混凝土全部刮腻子
寒冷纱刮腻子后AEP

24住户 LDK

钢化玻璃 t=10

24住户
MBR

美国梧桐纯木
t=15 w=120不同尺寸 UV
涂装
胶合板垫层 t=12
找平

23住户 LDK

轻铁基层PB t=9.5
寒冷纱刮腻子后AEP

23住户 BR

PB t=12.5
寒冷纱刮腻子后AEP
GL工法
排水板 t=50
涌水线

剖面大样图1/150

127

从东侧看到的教堂侧面。木材和玻璃条纹连续的墙面、铺有3种锌合金板的屋顶、用水面表现出天空的变化。位于同是伊丹润设计的韩国·济州岛商品住宅"BIOTOPIA"的西侧，用地面积3500㎡以上

组合材料+玻璃

空中教堂

韩国济州特别自治道

设计：伊丹润·ARCHITECT

柱子和玻璃交互连接
将空中的变化引入内部

128

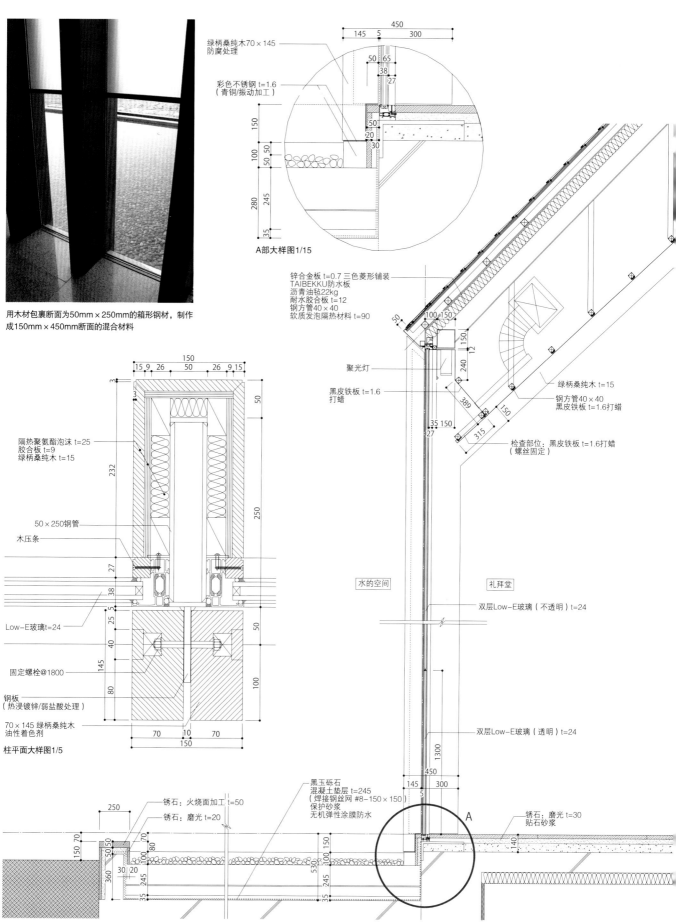

用木材包裹断面为50mm×250mm的箱形钢材，制作成150mm×450mm断面的混合材料

绿柄桑纯木70×145
防腐处理

彩色不锈钢 t=1.6
（青铜/振动加工）

A部大样图1/15

隔热聚氨酯泡沫 t=25
胶合板 t=9
绿柄桑纯木 t=15

50×250钢管

木压条

Low-E玻璃 t=24

固定螺栓@1800

钢板
（热浸镀锌/弱盐酸处理）

70×145 绿柄桑纯木
油性着色剂

柱平面大样图1/5

锌合金板 t=0.7 三色菱形铺装
TAIBEKKU防水板
沥青油毡22kg
耐水胶合板 t=12
钢方管40×40
软质发泡隔热材料 t=90

聚光灯

黑皮铁板 t=1.6
打蜡

绿柄桑纯木 t=15

钢方管40×40
黑皮铁板 t=1.6打蜡

检查部位：黑皮铁板 t=1.6打蜡
（螺丝固定）

水的空间

礼拜堂

双层Low-E玻璃（不透明）t=24

双层Low-E玻璃（透明）t=24

黑玉砾石
混凝土垫层 t=245
（焊接钢丝网 #8-150×150）
保护砂浆
无机弹性涂膜防水

锈石：磨光 t=30
贴石砂浆

锈石：火烧面加工 t=50

锈石：磨光 t=20

A

剖面大样图1/30

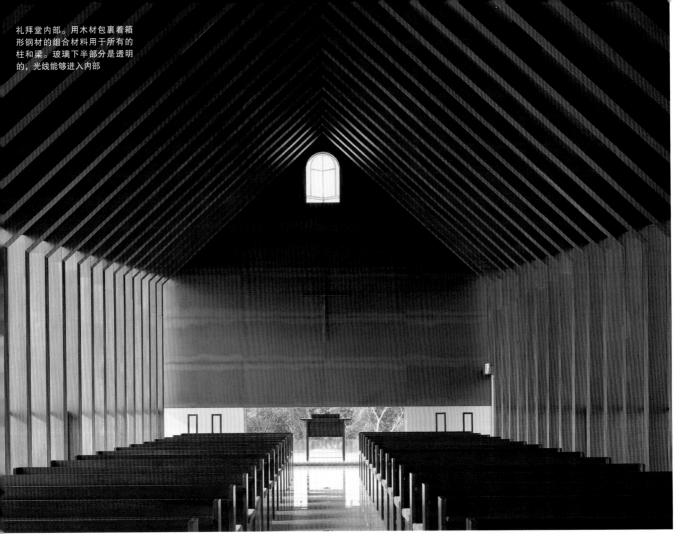

礼拜堂内部。用木材包裹着箱形钢材的组合材料用于所有的柱和梁。玻璃下半部分是透明的，光线能够进入内部

"空中教堂"由伊丹润先生设计，2009年3月在韩国济州岛竣工建成。该教堂牧师看了伊丹先生在济州岛设计的高尔夫俱乐部建筑、商品住宅等作品后，决定委托伊丹先生设计"空中教堂"。

伊丹先生亲临现场，发现济州岛的风和云变化非常快，这一点使他感到惊讶。"我想设计成在建筑物外部和内部都能感觉到天空动态变化的教堂"（伊丹先生）。

水空间和屋顶能不能表现天空光和影的变化呢？伊丹先生基于这种想法，用黑、灰、不锈钢色3种颜色的锌合金板组成了屋面。有天空映射到的地方，也有天空映射不到的地方，通过这种复杂的组合，

表现出了天空的动态变化。

基本结构是小间隔架构的框架结构。用木材包裹的箱形钢材制作成组合材料。这些组合材料统一用于所有的柱和梁。以750mm的间隔布置。

从北侧看教堂墙面

建筑立面由组合材料和下半部分透明的玻璃组成。目的是通过木材和玻璃条纹连续的墙面，在内部也能够感觉到外部的光和影。玄关部分，为了从上部采到空中的光线，设置了天窗。

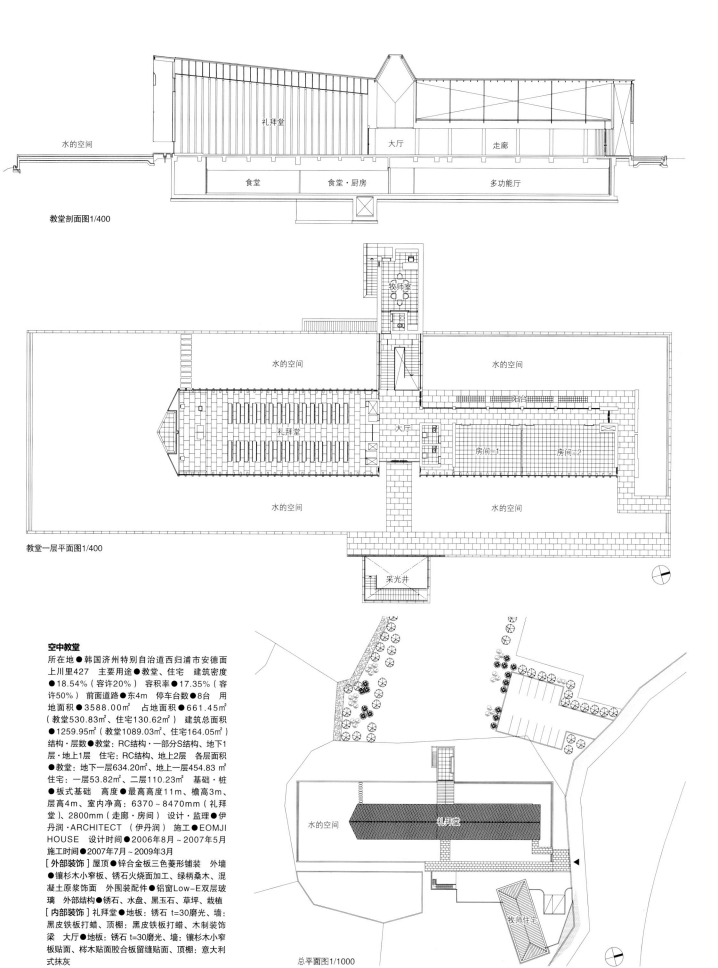

教堂剖面图1/400

水的空间　礼拜堂　大厅　走廊

食堂　食堂·厨房　多功能厅

教堂一层平面图1/400

牧师室

水的空间　水的空间

阳台

礼拜堂　大厅　房间=1　房间=2

水的空间　水的空间

采光井

空中教堂

所在地●韩国济州特别自治道西归浦市安德面上川里427　主要用途●教堂、住宅　建筑密度●18.54%（容许20%）容积率●17.35%（容许50%）前面道路●东4m　停车台数●8台　用地面积●3588.00㎡　占地面积●661.45㎡（教堂530.83㎡、住宅130.62㎡）建筑总面积●1259.95㎡（教堂1089.03㎡、住宅164.05㎡）结构·层数●教堂：RC结构·一部分S结构、地下1层·地上1层　住宅：RC结构、地上2层　各层面积●教堂：地下一层634.20㎡、地上一层454.83㎡　住宅：一层53.82㎡、二层110.23㎡　基础·桩●板式基础　高度●最高高度11m、檐高3m、层高4m、室内净高：6370～8470mm（礼拜堂）、2800mm（走廊·房间）设计·监理●伊丹润·ARCHITECT（伊丹润）施工●EOMJI HOUSE　设计时间●2006年8月～2007年5月　施工时间●2007年7月～2009年3月

[外部装饰] 屋顶●锌合金板三色菱形铺装　外墙●镶杉木小窄板、锈石火烧面加工、绿柄桑木、混凝土原浆饰面　外围装配件●铝窗Low-E双层玻璃　外部结构●锈石、水盘、黑玉石、草坪、栽植

[内部装饰] 礼拜堂●地板：锈石 t=30磨光、墙：黑皮铁板打蜡、顶棚：黑皮铁板打蜡、木制装饰梁　大厅●地板：锈石 t=30磨光、墙：镶杉木小窄板贴面、栲木贴面胶合板留缝贴面、顶棚：意大利式抹灰

水的空间　礼拜堂　牧师住宅

总平面图1/1000

131

知床斜里综合车站

北海道斜里町

设计：川人建筑设计事务所·日本交通技术

由集成材的叠加产生的光和影
作为体验阳光从叶缝中射入之感的场所

强调集成材和玻璃水平组装的建筑立面，给人留下深刻印象。眼前是新建的观光咨询中心

建在北海道斜里町的知床斜里车站是增改建项目。落叶松木集成材的横向组装，得到的不规则的玻璃窗用于采光。统一的横线条简约设计，成为这个城市新的地标。

设计者川人洋志先生（川人建筑设计事务所代表）说："我想设计只有这里才有的设施。城市以知床的原生林为背景，希望来这里的人和回到这里的人，有在阳光射入树叶缝中穿行的自然感，因此选择了木材这种材料"。

落叶松是北海道出产木材。不用原木，而用集成材，是为了控制成本，提高作为工业制品的建筑的施工速度。当地的林业技术很好，所以对施工也可以很放心。

利用有限要素法进行解析

使用的集成材是150mm见方的规格品。这个尺寸是根据建筑整体的比例和结构，以及成本来决定的。还请结构设计者七田秀树先生参与，对集成材的叠加工法进行了验证。对于不规则开口的墙体，利用有限要素法，将产生应力的所有节点进行了风、地震等的解析。

根据解析结果，决定了固定集成材的螺栓直径与间距。为了防止漏水和错位，还放了垫片。垫片与螺栓的距离、开口部的位置也是通过解析决定的。为了把所有配件的误差缩小到150mm以内，费了不少心思。在验证阶段，画出了原尺寸图。在接合方法的探讨、工厂制作及建造阶段施工精度上，都做了周密的准备工作。

如果玻璃的开口部分用同样的间距连接，就可以使用贯通螺栓，施工就会简单很多。但是窗户的不规则布置，会使人们对这个建筑产生更丰富的印象。

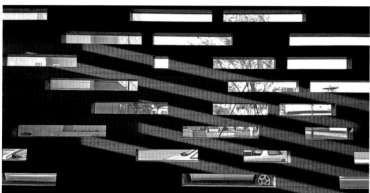

观光咨询中心内部。从开口部射入的光线就像树叶缝中射入的阳光一样。开口部是双层玻璃。选用集成材是因为它的隔热效果好

以±2mm的精度施工墙面

用150mm见方的集成材垒墙，不规则地设置开口。为了抵抗地震、强风等残酷的自然灾害，利用有限要素法对墙壁的结构进行了解析。实现了±2mm精度的施工。

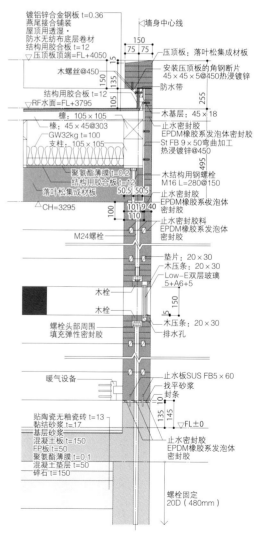

镀铝锌合金钢板 t=0.36
燕尾接合铺装
屋顶用透湿・
防水无纺布底层卷材
结构用胶合板 t=12
▽压顶板顶端=FL+4050
木螺丝@450
结构用胶合板 t=12
RF水面=FL+3795
椽: 105×105
椽: 45×45@303
GW32kg=100
支柱: 105×105
聚氨酯薄膜 t=0.2
结构用胶合板 t=12
落叶松集成材板
▽CH=3295

墙身中心线
150
75 75
压顶板: 落叶松集成材板
15
安装压顶板的角钢断片
45×45×5@450热浸镀锌
防水带
255
木基层: 45×18
止水密封胶
EPDM橡胶系发泡体密封胶
St FB 9×50弯曲加工
热浸镀锌@450
495
木结构用钢螺栓
M16 L=280@150
止水密封胶
EPDM橡胶系发泡体密封胶
止水密封胶料
EPDM橡胶系发泡体密封胶

M24螺栓
垫片: 20×30
木压条: 20×30
Low-E双层玻璃
5+A6+5
木栓
木栓
木压条: 20×30
排水孔
螺栓头部周围
填充弹性密封胶

暖气设备
止水板SUS FB5×60
找平砂浆
封条
贴陶瓷无釉瓷砖 t=13
黏结砂浆 t=17
基层砂浆
混凝土板 t=150
FP板 t=50
聚氨酯薄膜 t=0.1
混凝土垫层 t=50
碎石 t=150
止水密封胶
EPDM橡胶系发泡体密封胶
螺栓固定
20D（480mm）

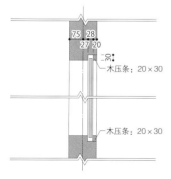

75 28
27 20
30
木压条: 20×30
木压条: 20×30

观光咨询中心开口部平面大样图1/20

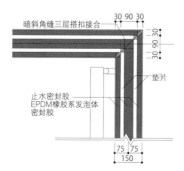

30 90 30
暗斜角缝三层搭扣接合
30 90 30
垫片
止水密封胶
EPDM橡胶系发泡体密封胶
75 75
150

观光咨询中心墙角部平面大样图1/20

观光咨询中心墙一般部位剖面大样图1/20

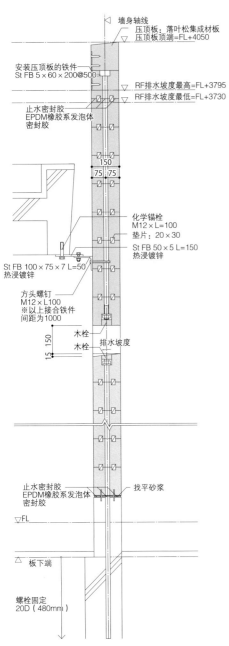

墙身轴线
压顶板：落叶松集成材板
压顶板顶端=FL+4050

安装压顶板的铁件
St FB 5×60×200@500

RF排水坡度最高=FL+3795
RF排水坡度最低=FL+3730

止水密封胶
EPDM橡胶系发泡体
密封胶

150
75 75

化学锚栓
M12×L=100
垫片：20×30
St FB 50×5 L=150
热浸镀锌

St FB 100×75×7 L=50
热浸镀锌

方头螺钉
M12×L100
※以上接合铁件
间距为1000

木栓
木栓

15 150

排水坡度

止水密封胶
EPDM橡胶系发泡体
密封胶

找平砂浆

FL

板下端

螺栓固定
20D（480mm）

独立墙~既存建筑物接合剖面大样图1/20

川人先生说："像自然来自偶然与必然一样，我想在这里建造一个自然与人工的交界线。车站本身就像故事中的接口，从某种意义上说就是交界线。在现代最新技术能够做到的表现自然这一点上，我认为集成材是最合适的"。

面对正面，左侧是既存的车站，候车室等一部分经改造正在使用。右侧增建了观光咨询中心与车站同时使用。新老建筑和谐共处，在内部有一种亲切和踏实感。从缝隙中射入的阳光，随着时间变化而变化，同集成材的质感相吻合，产生温暖的感觉。

斜里町建设部主任六本木万裕先生说："建筑的用途比当初的预想还要多。除了人们在这里休息、集合外，有时还有小型的演奏会。晚上，内部的灯光照到外面，很多人聚集在建筑前面，我看到这种情景非常高兴。因为车站就是人们聚集的场所"。

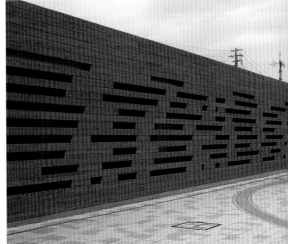

既存的车站部分原样使用，立面运用集成材装饰，以保持它和增建部分连续统一的协调感。整体像是新建，进入内部可看到，大家熟悉的候车室等一部分是改造使用的

从车站前广场看正面。简单朴素，成为城市的新面孔。以黑色入口为界，右侧是观光咨询中心

用落叶松木进行了顶棚改造的既存候车室

知床斜里综合车站
所在地●北海道斜里郡斜里町港町17　主要用途●车站及观光咨询中心　地域·地区●准工业地域　建筑密度●41.38%（容许60%）　容积率●41.3%（容许200%）　用地面积●1143.40㎡　占地面积●437.14㎡　建筑总面积●472.18㎡　结构·层数●增建观光咨询中心部分：木结构、既存车站部分：RC结构、地上1层　基础·桩●条形基础　高度●最高高度4.26m、檐高3.69m、层高3.69m、室内净高3.3mm　委托建设单位（甲方）·运营者●北海道旅客铁道·斜里町　设计●川人建筑设计事务所·日本交通技术（川人洋志）　设计协助●结构：七田建筑构造设计（七田秀树）、设备：日本交通技术(长谷川秀雄)　监理●川人建筑设计事务所·北海道旅客铁道（川人洋志）　施工●札建工业（冈本茂展）　施工协助●木工：物林（竹生敏俗）、电气：片山电气商会（向岩盛司）、卫生：长屋工业（门间一广）　设计时间●2007年1月~3月　施工时间●2007年8月~12月
[外部装饰]屋顶●长彩色镀铝锌合金钢板 t=0.4 燕尾接合铺装　外墙●落叶松集成材板上涂植物性木材保护着色剂（VATON/大谷涂料）　外围装配件●双层玻璃

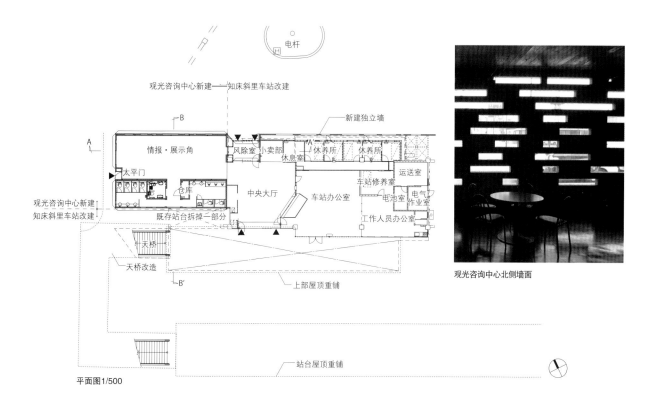

平面图1/500

观光咨询中心北侧墙面

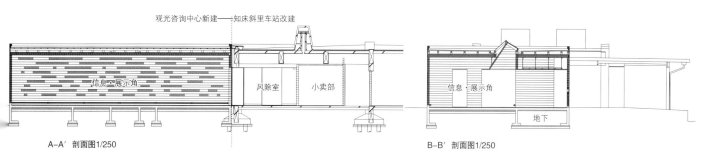

A-A′剖面图1/250　　　　　　　　　　　　　　B-B′剖面图1/250

再生玻璃

三鹰·玉川上水之家

东京都武藏野市
设计：萨田英男/萨田建筑工作室

二层起居室周围均为玻璃。室内侧是贴有乳白膜的夹丝玻璃，室外侧是再生玻璃

与抹灰墙面相协调的
再生玻璃的外墙

面向大街的二层整面墙使用的是再生玻璃。不管白天和黑夜，都能遮住内外的视线，透出适度的光。不均匀凹凸的玻璃表面，有一种独特的材质感。设计者萨田英男先生说："虽说是工业制品，但每块玻璃都有不同的表情"。

萨田先生把离道路近的一层做成抹灰墙面，二层全部使用玻璃，尽力创造一个开放的空间。作为玻璃，再生玻璃是第一次使用。"手工的抹灰墙面和工业制品的玻璃，本应该是对比性很强的材料，但再生玻璃和抹灰墙面相协调，就像是抹灰墙面与日式推拉窗之间的关系"（萨田先生）。

再生玻璃是以可再利用玻璃屑为原料生产的，在建筑领域主要用于室内装修。用于外装修，对于厂家东洋玻璃来说也是第一次。

虽然再生玻璃通过破坏试验确认了其强度，但在准防火地域必要的防火性能没有被承认，无法用于外墙。因此，室内侧设置了夹丝玻璃的壁体，在夹着75mm空气层的外侧，作为装饰材料，贴了再生玻璃。

由于加工精度没有一般玻璃高，考虑到尺寸的误差，为了固定牢固，用扁钢作为支撑。同时为了使空气层的热气排出，再生玻璃的竖缝特意没有封闭。从缝隙透过来的阳光，像是从拉窗缝隙透过来的一缕阳光一样。

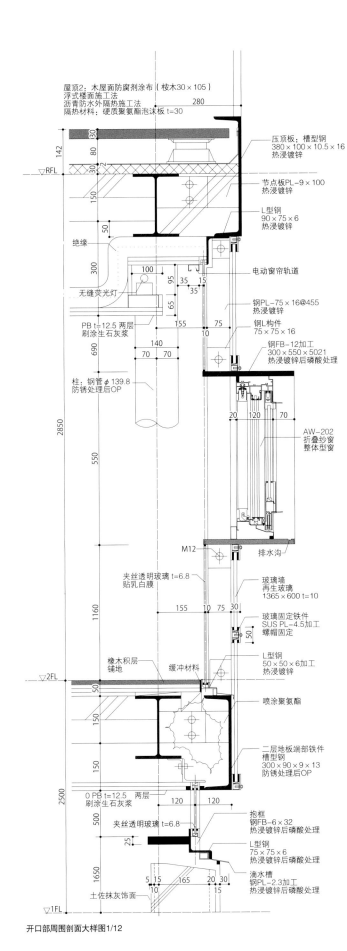

屋顶2：木屋面防腐剂涂布（桉木30×105）
浮式楼面施工法
沥青防水外隔热施工法
隔热材料：硬质聚氨酯泡沫板 t=30

280

压顶板：槽型钢
380×100×10.5×16
热浸镀锌

节点板PL-9×100
热浸镀锌

L型钢
90×75×6
热浸镀锌

绝缘

电动窗帘轨道

无缝荧光灯

钢PL-75×16@455
热浸镀锌

钢L构件
75×75×16

PB t=12.5 两层
刷涂生石灰浆

钢FB-12加工
300×550×5021
热浸镀锌后磷酸处理

柱：钢管φ139.8
防锈处理后OP

AW-202
折叠纱窗
整体型窗

M12

排水沟

夹丝透明玻璃 t=6.8
贴乳白膜

玻璃墙
再生玻璃
1365×600 t=10

玻璃固定铁件
SUS PL-4.5加工
螺帽固定

橡木积层
铺地

缓冲材料

L型钢
50×50×6加工
热浸镀锌

喷涂聚氨酯

二层地板端部铁件
槽型钢
300×90×9×13
防锈处理后OP

0 PB t=12.5 两层
刷涂生石灰浆

夹丝透明玻璃 t=6.8

抱框
钢FB-6×32
热浸镀锌后磷酸处理

L型钢
75×75×6
热浸镀锌后磷酸处理

滴水槽
钢PL-2.3加工
热浸镀锌后磷酸处理

土佐抹灰饰面

开口部周围剖面大样图1/12

上　南侧的正面外观。照片看上去像水泥板。再生玻璃的尺寸是横
1365mm×竖600mm。用热浸镀锌扁钢作为支撑。一层部分是RC结
构，装饰抹灰饰面
下　夜间浮现出室内的光线，但看不到室内的样子

三鹰·玉川上水之家
所在地●东京都武藏野市　主要用途●专用住宅　家庭构成●夫妇+小
孩2人　地域·地区●第一类低层居住专用地域　建筑密度●49.9%（容
许50%）　容积率●149.90%（容许100%、根据地下室缓和规定）　前
面道路●南10.0m　停车台数●0台　用地面积●55.89m²　占地面积
●27.91m²　建筑总面积●83.22m²　结构·层数●S结构、RC结构、
地下1层·地上2层　基础·桩●板式基础　高度●最高高度7.1m、檐
高4.55m、层高2.84m、室内净高2.4m　主跨度●3.5m×2.4m　设
计·监理●萨田建筑工作室（萨田英男）　设计协助●结构：松本构造
设计室（松本年史）、设备：TEITENSU事务所（村漱丰）　施工●辰（中
村勇行）　设计时间●2003年11月～2004年7月　施工时间●2004年
10月～2005年8月
[外部装饰]屋顶●湿式薄板屋面防水外隔热施工法　外墙●一层腰
墙：清水混凝土上彩色水泥装饰抹灰饰面　二层西·北侧墙：轻质
钢骨架+热浸镀锌后磷酸处理钢板t=3.2mm　二层中庭墙：板条金属
网抹灰砂浆+涂RANDEKKUSUKOUTO涂料　外围装配件●二层南
面：热浸镀锌钢FB75×12@455+夹丝玻璃贴6.8mm乳白膜+再生玻璃
1365mm×600mm t=10mm

② 学习名人的技艺

格栅等

隈研吾先生

建筑师、东京大学教授

即使实际上不通透
但用编织的方法
会有通透感

——关于通透墙的构造，请分析一下您的手法。

隈 大体分为这两种想法。像砖石结构那样，将部件垒起来，再抽掉一部分，使墙体变轻。作为表皮，尽量将面做轻。为了在墙体本身不做任何加工的前提下，突出自己的主张，怎样弱化墙体是一贯的主题。

——在"吴市音户市民中心"上挑战了新的尝试吧！

隈 将屋顶通透的这样的构造以前做过，但用瓦做出通透的细部这是第一次。去掉平瓦部分，只用筒瓦做了合理的组装。

另外，墙虽然不通透，想让它有通透的感觉，我尝试了两种手法。我发现在固定墙体前安装普通格栅的话，感觉黏在一起，没有通透的感觉。但不规则地摆放的话，就会有很好的通透感。具体的手法

是稀稀疏疏地改变格栅的进深和颜色。

还有一种是，在外墙的互搭披叠木墙板可以加一些不规则的操作。同格栅一样，要比普通的做法特殊一些，让竖向加固构件有不规则的感觉。

用格栅编织出墙面

——您刚说的，不一定让墙体通透，可以让墙面弱化的方法？

隈 "那珂川町马头广重美术馆"（2000年完成）的通透屋顶及墙面，在这种规模下能够做成，是因为美术馆的单一功能。音户市民中心那样的复合设施，是不能全部做成通透的。因此我想，用素材编织的方法能不能表现出弱化呢？

19世纪的德国建筑家戈特弗里德·森佩尔表现过："建筑就是编织品"。肯尼思·弗兰姆普敦先生也引用了这种想法，他说：在结构学的概念中编织是很重要的要素。我采用格栅的方式也应该是编织的一种方式！

——用瓦制作格栅以前考虑过吗？

隈 瓦，早就想挑战一下。屋顶的处理是近代建筑的一大课题。我不想做成传统大屋顶那样的回顾主义的屋顶。屋顶本应该是环境和建筑结合的要素。

在设计马头广重美术馆的时候，想到不仅仅是降低屋顶，更想得到使屋顶本身具有"通透感"。音户市民中心因为内部体量大，屋顶设计得高一些。同时，尽量使通透要素低一些，同眼前的海相连。

接140页

吴市音户市民中心

广岛县吴市市政府的分所、图书馆、公民馆等组成的复合设施。2007年12月竣工。面向濑户内海的音户渔港。

左 檐下是互搭披叠木板的墙面。利用竖向加固构件体现变化　　　右 一层大厅。墙面和顶棚用了水性染色涂装的准不燃木格栅

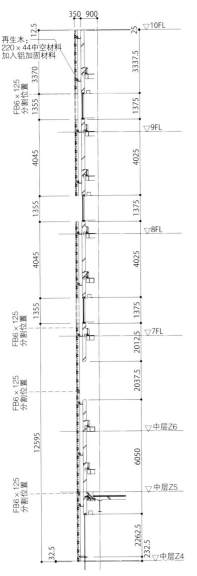

再生木:
220×44中空材料
加入铝加固材料

FB6×125
分割位置

通透墙部分剖面图1/200

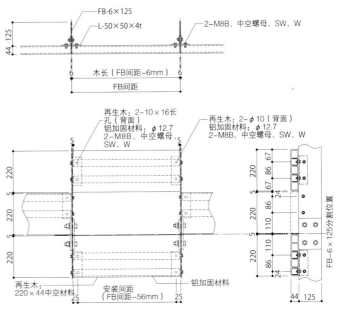

FB-6×125

L-50×50×4t

2-M8B、中空螺母、SW、W

木长（FB间距-6mm）

FB间距

再生木:2-10×16长孔（背面）
铝加固材料:φ12.7
2-M8B、中空螺母、SW、W

再生木:2-φ10（背面）
铝加固材料:φ12.7
2-M8B、中空螺母、SW、W

FB-6×125分割位置

再生木:
220×44中空材料

安装间距
（FB间距-56mm）

铝加固材料

通透墙（再生木格栅）安装大样图1/20

朝日放送

2008年1月，在大阪市福岛区堂岛川边竣工的朝日放送的新楼。位于被称为"HOTARUMACHI"的大阪大学医学部附属医院原址再开发的A街区。面向河流三层设置了平台，并对一般市民开放。设计由隈研吾建筑都市设计事务所与NTT FACILITIES,INC.担当。

南侧低层部分是千鸟格的通透墙

面向浪速大街的墙壁低层部分，用再生木格栅装修成了方格图案。显示出与一般办公楼不同的外观

——屋顶的泛水等细部做法是不是很难？

隈　最近，金属工程技术有了很大进步，用金属材料做防水后，再放上轻质材料作为装饰已成为可能。在金属板的上面，用木材做基层的方法也不是没有，而是这种方法没有轻快感。

——在"朝日放送"上，为什么用了木制通透墙？

隈　首先意识到的是同广场的连续性。地面和墙的素材是不同的，但地面的素材用到墙上，越往上变得越轻。我想做出重量感有所变化的感觉。

——千鸟格的通透墙以前也用过吧！

隈　参考了"LOTUS HOUSE"（2005年完成）的做法。这个住宅是用薄石板做出的千鸟格。朝日放送使用的是木材，为了耐久性更好，使用了再生木。再生木比石材轻，做法比LOTUS HOUSE简单。但是，实际上为了防止攀登等问题，也不是那么简单。

在没有技术能力的地区也有独特性

——格栅的用法等编织墙的方法在变化吗？

隈　首先，作为通透墙，使用的材料在变化。其次，叠墙的抽出方法也在变化。运用2000年完成的"石的美术馆"的经验，在"直接藏广场"（2006年完成）上，与斜撑结构一体化，用大谷石将墙面做成了凹形轮胎的造型。

在题材为临时住宅的MOMA展示会上展出

Water branch 的制作现场。塑料旋转成型。生分解性的种类也在试验中

平立剖面图1/10

用带螺纹的接合材料进行长方向连接

凹凸接合就能做出结构体

Water branch

隈先生从施工现场水桶得到的启发。当初开发的东西能用于墙和地板，但做顶棚还是有困难的。后来经过改良也能做拱形。以5个100mm×100mm的立方体错开连接的形状，可以装水等用来调整重量。

另外，砖石结构的组装也在进化。作为以前开发的"Water block"的第2弹，"Water branch"正在纽约近代美术馆（MOMA）的展览会上展出。掌握了聚乙烯水桶的组合要领，就能组装成有很多空隙的墙。使用这些构件还能组装成拱形。这是砖石结构和框架结构混合的概念。

——海外的工作正在增多。场所的变化会使做法发生变化吗？

隈 即使在原有技术的场所工作，也能建成独特的建筑是我们的强项。例如：中国的"竹之家"（2002年完成）是由当地小工务店施工，仅用原有技术完成的。但也建造出了与当地建筑不同风格的建筑。以竹之家为开端，同样的委托也多了起来。能不能顺应这种要求是今后的课题。

穿孔金属板

长谷川逸子女士

长谷川逸子·建筑设计工房代表

左上是按60°开孔的部件，映射的光如上图。左侧是按45°开孔部件

把握不同时间光线的变化 广泛用于百叶门、顶棚等

——使用穿孔金属板的开端是什么?

长谷川 外墙最早开始使用穿孔金属板是1980年完成的"松山·桑原住宅"。当时想设计一个有光粒的面。因为业主是金属建材公司的经营者，提供了大量不同开口率和角度的样本。

我们将样本摆在了事务所的楼梯上，对不同时间段的照射方法等进行了近1年的研究。如果孔的角度是45°，圆会逐渐变小，没有新意；如果是60°，圆会渐渐变细，成为椭圆形，等等。还以此为基础列出了开口率的计算公式。

开口率为35%的话，白天感觉不到它的存在的同时，外边的风景看得一清二楚。反之，从外边看，白天是关闭的，傍晚是半开的，晚上是完全敞开的。内外逆转，光点变化，很有意思。再加上，铝同钢相比，轻且容易施工，从长期看，也较经济。

也用于造型表现

——在"T-FLAT"上，是作为百叶门的可动装配件使用的吧。

长谷川 T-FLAT是三世同堂的集合住宅。为了防盗，业主最初就要求安装防护门。此外，因为用

地周边是住宅密集地，希望外面看不到里面，而从里面能看到外面的风景。因此，选用了比防护门轻，又能上锁，视线又好的穿孔金属板百叶门。

在商品目录上，发现了小窗户用的百叶窗，联系了厂家，厂家说是刚开发的，还没有大的制品。T-FLAT室内净高2.7m，百叶门高度超出了2.9m。向厂家定制了这个尺寸。

——在细部上，让您费心的点是?

长谷川 安装百叶门上下的轨道，如果设计不好，就不能顺利开闭。最初推拉几次就推不动了。因此，想出了一些将铁件和轨道之间留出一些缝隙，把铁件做得大一些等办法。轻而可动的铝百叶门，特别在住宅上是很合适的。

——最近，除了顶棚，还用于造型的表现上吧。

长谷川 在石川县的"珠洲市多功能厅"，第一次不是为了控制光线，而是作为表现顶棚轻度的素材来使用的。为了表现圆形云，把穿孔金属板贴在了上面吊下来的多面体框架上。像制作地球仪一样，如果切割有一点误差，就会对不上。因此，在计算机计算的基础上进行了切割。

"TECHNO PLAZA OTA"是产学联合的教育设施。群马县太田市

汽车产业发达，制作发动机模具等的关联企业很多，产学联合的群马大学也在做模具的研究。市长也经常提起此事，因此，用多面体表现了模具的形象。

　　制作连续的多面体是有难度的。存在孔的连接、弯曲部分的处理等难题。比起组装，孔的位置的计算花了更多的时间。虽然预算很紧，但一位热心帮助我们的手艺高超的工匠做了施工。最初的设计更加复杂些，因为成本、技术等，结合现实做了修改。我一直在想，在建筑素材是平面的情况下，我一直在考虑怎样才能利用它表现出曲线的多面体。

特别注意孩子的手指
——穿孔金属板的开口率等怎样控制的？

　　长谷川　开口率是由孔的直径和数量决定的。首先决定孔的直径，再选择开口率，就能算出孔距。我们是用开口率来说明，但作为材料，是通过直径和孔距来指定的。

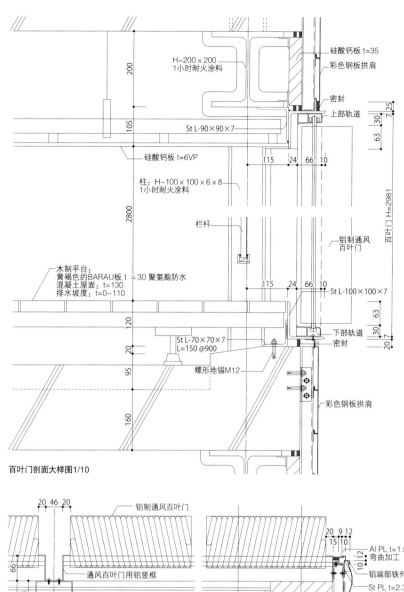

百叶门剖面大样图1/10

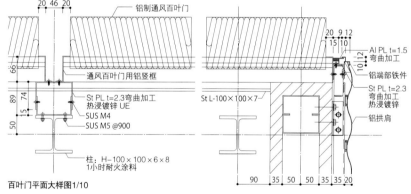

百叶门平面大样图1/10

百叶门部分敞开的外观（左）和关闭的内观

T-FLAT

　　松山市2008年3月竣工的三世同堂的集合住宅。白天，百叶门即使关着，也能看到外部，但外面看不到内部。根据需要，百叶门可以开闭，所以业主很喜欢。百叶门是日本K&I公司的产品。

TECHNO PLAZA OTA

2008年3月在群马县太田市完成的教育研究设施。不规整的阳台用穿孔金属板围起。为了能够感受外面的人的气息，开口率设为35%。

当然，即使相同的开口率，板厚的不同也会使得光的照射方法有所变化，因此，根据情况也会把30%调整成32%等。我经常使用的2mm厚金属板非常合适，1.5mm厚金属板周围需要框架加固。有高度需要承重的时候用2.5mm。

现在，孔的角度为45°的成品偏多，但以前只使用60°的。根据光线不同，观察影子的变化是出于我的兴趣。直径和孔距是可以自由决定的，一般不使用特制品。

以前，手够不到的部分就切断了。因为想做成穿孔金属板连续的面。但是，这样看上去有点儿恐怖，受到了很多的批评。孔边缘被切断，看上去像板，大家不喜欢。但我觉得还是切断了显得有精神。不过，现在都避开孔切割，或使用有边的穿孔金属板。

并且，尤其是在住宅等，要特别注意小孩的手指。避开手指有可能插进去的直径10mm左右的孔，使用再大点儿或再小点儿的孔。

四层西侧阳台。大学院的学生上课之余在这里休息。缓缓弯曲的穿孔金属板通透墙用1m间隔的扁钢立柱支撑着

从西侧观看。被穿孔金属板包围的产学研究楼的三至五层当作了交流阳台。建筑物周围保留了原有树木，采用没有栅栏的开放空间。面向东侧和南侧前面道路的形状，将建筑设计成了L形

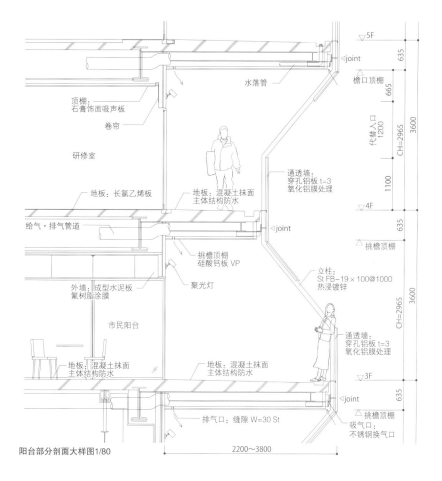

顶棚：
石膏饰面吸声板

卷帘

研修室

地板：长氯乙烯板

地板：混凝土抹面
主体结构防水

给气·排气管道

外墙：成型水泥板
氟树脂涂膜

市民阳台

地板：混凝土抹面
主体结构防水

地板：混凝土抹面
主体结构防水

水落管

通透墙：
穿孔铝板 t=3
氧化铝膜处理

挑檐顶棚
硅酸钙板 VP

聚光灯

立柱
St FB-19×100@1000
热浸镀锌

通透墙：
穿孔铝板 t=3
氧化铝膜处理

排气口：
缝隙 W=30 St

吸气口
不锈钢换气口

5F
joint
檐口顶棚
代替入口 1200
635
665
CH=2965
3600
1100
4F
joint
635
挑檐顶棚
CH=2965
3600
3F
joint
635
挑檐顶棚

2200～3800

阳台部分剖面大样图1/80

珠洲市多功能厅。采用制作地球仪的方法，切割0.6mm厚穿孔金属板，贴在顶棚上，从外部看，同屋顶形成一体，看起来像云彩一样

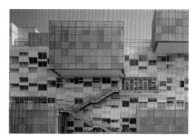

静冈大成中学（38页）。从防护的角度出发，使用了2mm厚的穿孔金属板。并采用了直径和孔距完全不同的3种穿孔铝板

新潟市民艺术文化会馆。玻璃间的穿孔金属板控制着阳光。长谷川女士在顾及环境的基础上，找到了可动制品的可能性

引入柔和光线的同时顾及隔声性能、混响时间

滤光器

西泽大良先生

西泽大良建筑设计事务所代表

—— 在"骏府教堂"的礼拜堂，从天窗采光非常有象征性。

西泽 旧约圣书神的第一句是"啊，光！"。因此，光对基督教的教堂来说是非常重要的。此外，所谓耶稣教堂，简而言之是朗读圣书的场所，因此，光和声都很重要。由于预算的制约，将礼拜堂做成了木结构，但在细部处理上考虑了光和声。

—— 用什么样的做法满足了光和声的要求？

西泽 礼拜堂是一个10m的方形平面，高度约9m。柱、梁都是间隔900mm配置的木桁架。屋顶厚1500mm，外墙厚760mm，用它们的包围来处理光和声的问题。

光线只用屋顶采光。室内装修，墙和顶棚都用松木原木材料。板宽，接近地板的地方是90mm，最上层是16mm。将板宽设计得像线一样的细，是为了达到像柔软的纱布那样的光线的效果。

关于声，在墙和屋顶里都安装了吸声材料，从板缝把声吸到背面，控制混响时间。混响时间是1.5秒。同时对室外的噪声也进行了隔声设计。在墙和屋顶嵌入了隔声材料，隔声性能基本上同等于混凝土墙体。

—— 顶棚的松木格栅为什么是斜着设置的呢？

西泽 做礼拜一般是上午，因此上午9:00~12:00的光线特别重要。因为这个时间段太阳是移动的，顶棚格栅对着正北斜放，做礼拜时，光线就一直有纱布那样的效果。关于光的调整，用模型做了实验，最后在现场还使用原尺寸的部件做了确认。

像草原上的风那样吹过
—— 在"板桥之家"做了光和风两个主题

西泽 板桥之家的用地通风很差，必须想办法改善通风条件。因此，设计成了3层木结构的田字平面，整个建筑用通风层围起来。柱子间隔900mm。建筑物的外侧有150mm厚的回廊状通风层，再在外侧围上装有隔热材料的幕墙。墙厚共480mm，风在墙中流动。

通风层开口的室内外的位置有所不同。在室外，避开周围的遮挡、屋顶等，在风强的地方设了开口。室内侧的开口位置则根据室内需要决定。因为是田字平面，每个房间都有两面墙的通风层。室外的窗子由人工操作开关，上部的开口一打开，空气就流动起来进行通风。

我觉得，像普通住宅和办公室那样，打开窗子，风横着吹进来，感觉不太好。像草原那样的自然界的风就很舒服。作为建筑师，这是很惭愧的事。因此，在这个住宅的室内，做成了风"自由流动"的形式。草原的风使人心情好的理由就在于此吧！

[屋顶]
防水材料：木结构用薄板屋面防水 t=2（步行用、飞散火星认定品）
屋面板：防火板 t=10
隔热材料：聚苯乙烯泡沫板 t=50
结构材料：结构用胶合板 t=24

[天窗]
玻璃：夹丝双层玻璃 t=24.8（6+A12+6.8）
压条：铝PL t=2弯曲、氧化膜处理

骏府教堂

2008年5月，在静冈市内静冈铁道轨道旁的转角地段完成的基督教教堂。木结构的礼拜堂设置了7个1800mm方形等形状的天窗。这是为了只靠自然光就能读圣书。顶棚和墙壁安装留缝形松木原木板条。另外，外墙竖向安装了美国杉木原木板条。

最高高度=GL+9042
242
1335
9042
7335

[顶棚]
中空层：椽 美国黄松105×105
吸声材料：玻璃棉（32K）t=25、玻璃布镶在框缘上
结构材料：桁架大梁美国黄松120×180
　　　　　斜杆 美国黄松45×90
　　　　　短柱 美国黄松90×90
基层材料：吊顶木筋 杉木30×30、@910
装修材料：松木板条留缝安装 t=27×18 原木

[外墙]
装修材料：美国杉木 竖向安装 t=18、原木板条
通气层：横筋 杉木15×45 @455
防火材料+隔声材料1：镀铝锌合金钢板 t=0.27
防水材料：TAIBEKKU防水板
隔热材料：聚苯乙烯泡沫板 t=50
结构材料：结构用胶合板 t=12
隔声材料2：防声橡胶 t=3 整铺
隔声材料3：PB t=12.5 整铺

[内墙]
装修材料：松木板条 留缝安装 t=18 原木
结构材料：桁架柱 美国黄松 LVL90×90
　　　　　斜杆 美国黄松75×30
吸声材料：PB t=12.5+镶布
中空层：竖筋 杉木30×40
吸声材料2：玻璃棉（32K）t=100

礼拜堂
CHAPEL

[地板]
装修材料：砂浆 t=20 抹面
　　　　　磨光、WAX（2次）

GL±0
130

550　910　910

礼拜堂墙~顶棚周围剖面大样图1/50

仰视礼拜堂。透过顶棚格栅柔和的光线一泻而下

礼拜堂
阳台
起居室·餐厅
预备室
会议室
停车场

剖面图1/300

预备室
住宅玄关
牧师室
礼拜堂
会议室
门厅
停车场
厨房
玄关门廊

一层平面图1/300

为了最大限度地得到像纱布般的
柔和光线，考虑到方位，礼拜堂
顶棚的松木板条是斜着安装的

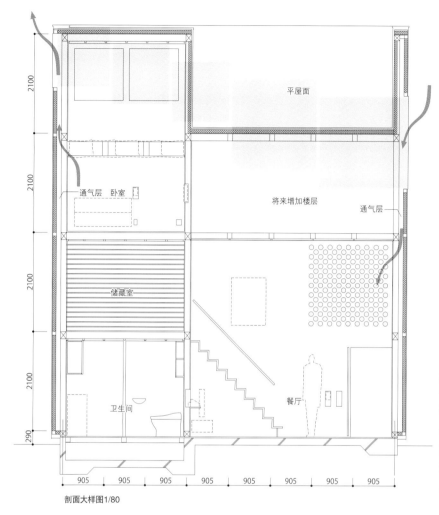

平屋面

将来增加楼层

通气层 卧室

通气层

储藏室

卫生间

餐厅

2100
2100
2100
2100
290

905 | 905 | 905 | 905 | 905 | 905 | 905 | 905

剖面大样图1/80

外观（上）与一层餐厅。通过墙通风，从FRP的顶棚采光

板桥之家

2006年7月，在东京都板桥区竣工的个人住宅。周围3层住宅密集，通风、采光条件很差。采用的方案是，将整个建筑用150mm厚的通风层围住，通过通风层将外部空气吸到内部。

屋顶采光使生活变得有规律

—— 板桥之家和骏府教堂都是木结构，同一般的木结构做法相比，墙要厚得多啊！

西泽 木结构有一个特点就是比S结构、RC结构部件多。墙从最外层到室内层有八九层。也就是说，从室外到室内之间有9个阶段的装置。把它们一个一个地摆好，就能够微妙地过滤光、声、风等。

—— 在最新的项目中，是如何处理光的？

西泽 在伊东丰雄先生策划的东京煤气的"SUMIKA PROJECT"项目中，我设计了单层平房的住宅。伊东先生提出的课题是，设计"现代的原始住宅"。我的回答是"在阳光中生活"，设计了用半透明屋顶覆盖的单个房间的住宅。

木结构屋顶的厚度是850mm，由半透明隔热材料和垫层材料安装而成。墙上全部是门，没有用玻璃。只从顶部采光，是一个能感受天空变化的住宅。

半透明屋顶整体光线不是很亮，但有几处是比较亮的。明亮的阳光早晨照到床上，正午照到厨房。在这个房子里，有时候突然看到厨房亮了，被阳光吸引着走进厨房，就到了午饭时间。在家中被光线吸引着移动，是一个能够自然形成一天生活规律的住宅。

对于没有生活规律的现代人来说，今后需要这种从建筑中学会生活规律。"光"对人的身体来说，是最不能缺的东西。

开闭式的门正在打开着。整个地板装有煤气式冷暖气。
夏天将井水作为冷却水使用，对地板进行冷却

宇都宫之家

在SUMIKA PROJECT项目中，西泽先生负责设计的住宅。西泽先生说："如果从上部射入自然光的话，应该会是一种非常健康的生活。"西泽先生提出了整个屋顶采光的单层住宅方案。平屋顶用FRP折板和半透明隔热材料覆盖。

左 打开墙的开闭式门，就成为开放空间　　右 厨房上部镶嵌的是双层玻璃，格栅的设置密度也很低

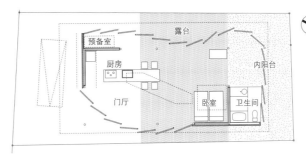

总平面图1/250

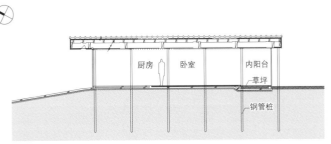

南北剖面图1/250

改变窗户的周边

怎样设计开放且令人愉悦的开口部是一个永远的主题。
在温室效应、气体减排的呼声中，
控制空调负荷的课题也摆在了建筑设计者的面前。
在解说环保的最新办公楼案例的同时，
介绍改变开口部的一些想法。

① 办公楼的环境对策

检查热门大型建筑的开口部

超高层楼眺望优先 窗际热环境的解决对策

在东京站周边，2008年末至2009年春，相继完成了以出租办公室为主的超高层办公大楼。这里介绍的是，作为大手町一丁目地区第一类市区再开发事业竣工的3栋楼之一的JA大楼，以及丸之内公园大厦、丸之内TRUST TOWER本馆。标准层的出租面积分别为：1609㎡、

约3600㎡、2065㎡，都是无柱的大空间。

3栋大楼共同的特点是眺望。其中为了眺望优先，干脆把西侧作为主采光面。但是，在空调负荷方面开口部成了弱点。眺望的好坏关系到大楼出租的竞争力，但是节能也是一个课题。面对这两个矛盾的课题，需要在建筑与设备一体化上下功夫。

大手町一丁目地区第一类市区再开发事业
JA大楼

3栋大楼都是Low-E双层玻璃和百叶窗作为一个单元配合使用。百叶窗是随着太阳的变化，自动调整角度。其原理是，通过屋顶上设置的感知器，追随太阳，感知晴天、阴天等气候变化，控制百叶窗。

玻璃面与百叶窗之间积压的热量又是怎样排出呢？Low-E双层玻璃和百叶窗单元的对策是相同的，但在排出热量的设备构造上有所区别。

控制层高，确保室内净高

办公楼一般在容易受环境影响的窗户周边区设置管理职位。人的密度较低，在接受外气影响的同时，OA机器的发热量也较少，这就产生了室内区域的温差，冬天需采取冷气流对策。作为解决方法，有设置分隔供暖装置和吸引冷气的方法。这些对策也因楼而异。

随着办公楼的大型化，室内净高也越来越高。这是因为即使室内净高相同，平面面积越大就会越有压迫感。另外，OA地板也是承租人关注的一个方面。委托建设单位也要根据承租对象来决定，例如：外资金融公司的交易厅需要高度300mm左右的OA地板。

为了确保舒适的室内净高、OA地板，就会影响层高，增加建设费。怎样在确保室内净高、OA地板的同时控制层高呢？这就需要在建筑与设备，以及结构上下功夫。而且如果室内净高加高，房间的实际容积会增加，空调的负荷等也会增高。

功能性、舒适性、节能等的环保性能，怎样才能共存？下面通过3栋大型楼宇看一看窗户周边的功夫。

丸之内公园大厦
（154页）

丸之内TRUST TOWER本馆
（155页）

东京站周边大型开发接连不断

上面的照片是从八重洲口侧的上空拍摄的东京站周边。2008年末至2009年春，以丸之内地区为中心，相继完成了大型超高层办公楼。"丸之内公园大厦"在丸之内地区规模最大。是同复原了丸之内最初办公楼的三菱一号馆一起构成的综合项目。"JA大楼"（左侧的照片）是13h㎡用地范围的大手町连锁型再开发事业的第1弹。继两侧的日经楼和经团连会馆之后，2009年5月开放。2008年11月竣工的"丸之内TRUST TOWER本馆"，是在N馆之后，接受了都市再生特别地区的指定，通过增设本馆阶段性的准备建设的。新的本馆地上二至二十六层是办公室，二十七层至三十七层主要是"东京香格里拉大酒店"。

办公室标准层的规格比较

建筑物名称	室内净高（m）	主跨度（m）	OA地板高（mm）	楼面活荷载（kg/㎡）	空调方式
JA 大楼	2.8	6.4×6.4	130	一般区域：500、高承重区：800	根据区域设空调＋可变风量（VAV）方式
丸之内公园大厦	标准层：2.85 特殊层：3.0	7.2×25	标准层：150 特殊层：300	一般区域：500、特殊层·高承重区：800（一部分1000）	小型空调机（AHU）方式的全空调方式
丸之内 TRUST TOWER 本馆	2.95	7.2×19.8 10.8×19.8	标准层：150 特殊层：300	一般区域：500、特殊层·高承重区：1000	内部区：AHU 单一管 VAV 方式、周边区：入墙型风冷热泵机组方式

丸之内公园大厦

丸之内TRUST TOWER本馆

通过玻璃面的空气屏障方式
从上部排出积压的热量

采用从窗际空调上挡板排出到百叶窗收纳箱吸入的空气形成的对流，在玻璃面形成空气屏障方式。作为冷气流的对策，在窗际空调内部装有薄型的加热器，冬季能够调整温度。另外，将用于吸烟室、厨房等局部排气的狭缝式散流器设在窗户侧，可用于冬季的冷气。

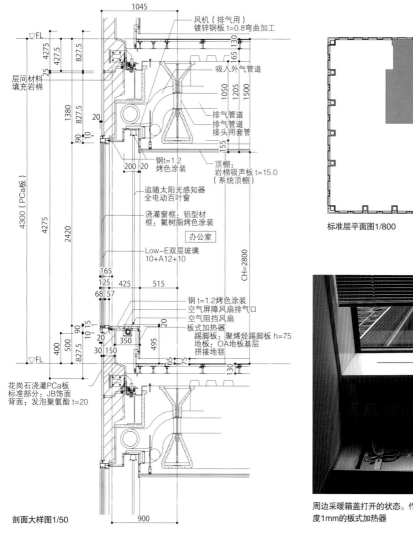

层间材料
填充岩棉

风机（排气用）
镀锌钢板 t=0.8弯曲加工

吸入外气管道

排气管道
排气管道
接头用套管

钢t=1.2
烤色涂装

顶棚：
岩棉吸声板 t=15.0
（系统顶棚）

追随太阳光感知器
全电动百叶窗

浇灌窗框：铝型材
框：氟树脂烤色涂装

办公室

Low-E双层玻璃
10+A12+10

钢 t=1.2烤色涂装
空气屏障风扇排气口
空气阻挡风扇
板式加热器
踢脚板：聚烯烃踢脚板 h=75
地板：OA地板基层
拼接地毯

花岗石浇灌PCa板
标准部分：JB饰面
背面：发泡聚氨酯 t=20

剖面大样图1/50

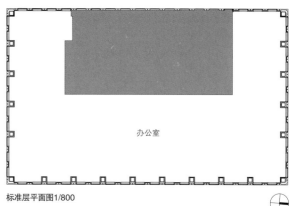

办公室

标准层平面图1/800

周边采暖箱盖打开的状态。作为冷气流的对策，在盖的内侧装有叫做片状发热体的厚度1mm的板式加热器

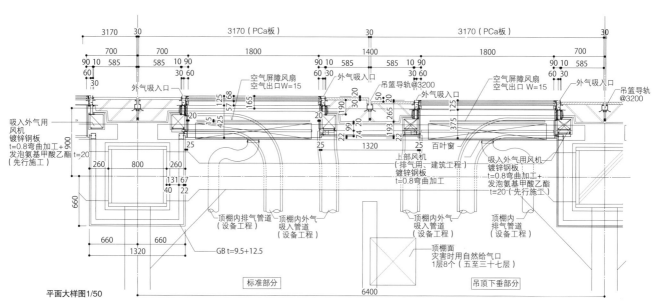

外气吸入口

空气屏障风扇
空气出口W=15

外气吸入口

吊篮导轨@3200

外气吸入口

空气屏障风扇
空气出口 W=15

外气吸入口

吊篮导轨
@3200

吸入外气用
风机
镀锌钢板
t=0.8弯曲加工+900
发泡氨基甲酸乙酯 t=20
（先行施工）

百叶窗

上部风机
（排气用、建筑工程）
镀锌钢板
t=0.8弯曲加工

吸入外气用风机
镀锌钢板
t=0.8弯曲加工+
发泡氨基甲酸乙酯
t=20（先行施工）

顶棚内排气管道
（设备工程）

顶棚内外气
吸入管道
（设备工程）

顶棚内外气
吸入管道
（设备工程）

顶棚内
排气管道
（设备工程）

GB t=9.5+12.5

顶棚面
灾害时用自然给气口
1层8个（五至三十七层）

平面大样图1/50

标准部分

吊顶下垂部分

负责JA大楼设计的三菱地所设计建筑设计二部主任松井章一郎先生说："委托建设单位对能源消费量是有兴趣的。但是，为了提高最终用户的满意度，有利于竞争力的提升，还是重视了眺望"。

在确保眺望的前提下，通过Low-E双层玻璃和自动控制百叶窗遮断太阳辐射。它们之间的热量通过空气屏障方式排出。在周边的窗台内部装上风扇，玻璃和百叶窗之间会发生上升气流，从上部的百叶窗收纳箱吸入再排出。

排出的角度是一个课题。如果在正上方，玻璃和百叶窗之间的热量是不能全部收起的。怎样才能把热量全部收起，用气流送到百叶窗收纳箱呢？设计师和设备设计者反复做了模拟实验，得出的结论是，面对窗子倾斜20°最合适。

作为节能对策还采用了外气冷气。"办公楼内部发热量多，因此，冬天也使用冷气。而外面很冷，这是一种浪费。"（松井先生）在窗户侧面装上狭缝式散流器导入外气。将外气送到空调机，调整湿度后用于冷空调。同时，这个狭缝式散流器也能起到排气口的作用。

仰望外墙面。外装修材料和窗框之间设置了狭缝式散流器，但不近看是看不到的。为了让它不明显，做了精心设计

大手町一丁目地区第一类市区再开发事业JA大楼
所在地●东京都千代田区大手町1-3-1　主要用途（整个地区）●事务所、会议、店铺、停车场　地域・地区（整个地区）●商业地域、防火地域、都市再生紧急整备地域、大手町・丸之内・有乐町地区地区规划　建筑密度（整个地区）●68.45%（容许70%）　容积率（整个地区）●1589.85%（容许1590%）　用地面积（整个地区）●13399.08㎡　占地面积●2450.00㎡　建筑总面积●88656.66㎡　结构・层数●S结构・一部分SRC结构、地下3层・地上37层　标准层面积●2110㎡　高度●最高高度180m、层高4.3m、室内净高2.8m　主跨度●6.4m×6.4m　再开发事业施行者●大手町开发　地权者●全国农业协同组合中央会、全国农业协同组合连合会、农林中央金库　施行业务受托・联合开发权取得者●三菱地所、NTT都市开发、东京建物、SANKEIBIRU　设计・监理：三菱地所设计・全国农协设计・NTT　FACILITIES JV(总负责：新居仁、建筑：渡边显彦、结构：尾崎伸治、空调・卫生：木村健太郎、电气：仙波正男、监理：中丸浩一）　施工●鹿岛（佐藤昭政）　设计时间●2005年5月～2006年9月　施工时间●2007年4月～2009年3月　开业日●2009年5月7日

周边窗台里安装了风扇，气流从上部的缝隙排出，从顶棚的百叶窗收纳箱吸入。在设计上，排出角度是一大课题

出租楼采用高性能的空气流动方式

外墙面设置了纵横方向的进深约50cm的格栅。在Low-E双层玻璃和百叶窗遮断太阳辐射的基础上，采用了空气流动窗系统。双层窗的内窗，为了维修方便，做成了开闭式。为了在百叶窗不动的情况下，使窗子内部的空气均匀上升，对周边上部缝隙的宽度和形状作了研究。

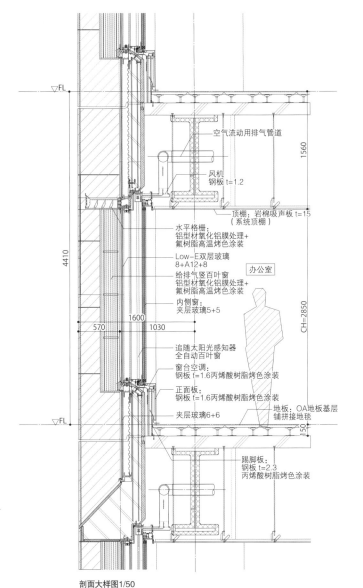

▽FL

空气流动用排气管道

1560

风机
钢板 t=1.2

顶棚：岩棉吸声板 t=15
（系统顶棚）

4410

水平格栅：
铝型材氧化铝膜处理+
氟树脂高温烤色涂装

Low-E双层玻璃
8+A12+8

给排气竖百叶窗
铝型材氧化铝膜处理+
氟树脂高温烤色涂装

办公室

CH=2850

内侧窗：
夹层玻璃5+5

570　1600　1030

追随太阳光感知器
全自动百叶窗

窗台空调：
钢板 t=1.6丙烯酸树脂烤色涂装

正面板：
钢板 t=1.6丙烯酸树脂烤色涂装

地板：OA地板基层
铺拼接地毯

夹层玻璃6+6

▽FL

150

踢脚板：
钢板 t=2.3
丙烯酸树脂烤色涂装

剖面大样图1/50

办公室

ELV大厅

办公室

标准层平面图1/1000

内侧的窗户为推拉开闭。曾是双层窗课题的百叶窗清扫等维修管理，在此得以解决。从踢脚板部分吸入空气。上部缝隙的宽度和形状，通过实物模型进行了验证

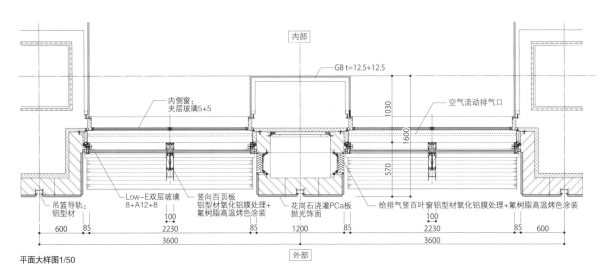

内部

GB t=12.5+12.5

1030

空气流动排气口

内侧窗：
夹层玻璃5+5

1600

吊篮导轨：
铝型材

570

Low-E双层玻璃
8+A12+8

竖向百页板
铝型材氧化铝膜处理+
氟树脂高温烤色涂装

花岗石浇灌PCa板
抛光饰面

给排气竖百叶窗铝型材氧化铝膜处理+氟树脂高温烤色涂装

600　85　100　2230　85　1200　85　2230　100　85　600

3600　　　　3600

平面大样图1/50

外部

该项目是三菱地所的丸之内再构筑第2阶段的第1弹。办公区总面积158000㎡，标准层约5000㎡。在第1阶段的新丸楼，标准层层高2850mm，根据办公楼标准，OA地板高度做成了150mm，但为了提高节能性能，还有待于加高。

因此，在纵横格栅和Low-E双层玻璃、自动控制百叶窗这些对策的基础上，采用了空气流动窗系统。负责设计的三菱地所设计建筑设计一部主任高田慎也先生说："在空调负荷较弱的周边区，以前使用的是专用空调，这次没有使用。这种做法在本社大楼上有采用案例，但在出租楼上很少见"。

在踢脚板和上部设置缝隙，从上部吸入窗户内部积压的热量。负责设备设计的同社设备设计部主任山县洋一先生说："为了在百叶窗不动的情况下，使空气流动窗内部的空气均匀上升，上部缝隙的宽度和形状成为研究课题"。

眼前是复原了日本最初办公楼的三菱一号馆。背后是公园大厦。这是三菱地所在丸之内再构筑第2阶段第1弹的综合项目

因周边区不需要风扇、空调机等，所以能够有效利用内部空间。外墙部分设置了纵横方向的进深约50cm的格栅，遮断了太阳辐射。下面的照片是内侧窗户打开的状态

丸之内公园大厦
所在地●东京都千代田区丸之内2-6-1、2　主要用途●事务所、店铺、美术馆、地域冷暖房设施、停车场　地域·地区●商业地域、都市再生特别地区　建筑密度●69.39%（容许80%）　容积率●1563.11%（容许1565%）　前面道路●北14.5m、西9m、南36.3m、东23m　停车台数●282台　用地面积●11931.79㎡　占地面积●8280.04㎡　建筑总面积●204729.92㎡　结构·层数●地下SRC结构(一部分S结构)·地上S结构、塔楼地下4层·地上34层·楼顶间3层、附属建筑地下4层·地上3层　标准层面积●约5000㎡　基础·桩●扩展基础　高度●最高高度169.983m，檐高156.983m，层高4.41m，室内净高2.85m　主跨度●7.2m×25m　委托建设单位（甲方）●三菱地所　设计·监理●三菱地所设计（综合负责：狩野大和、负责：山极裕史、建筑：柴田康博、结构：小川一郎、设备：山县洋一、电气：丰冈俊一郎、景观：植田直树、监理：清家正树）　施工●建筑：竹中工务店（佐藤丰一）、电气：KINDEN（内藤博之）、东光电气工事（金城正弘）、空调：高砂热学工业（铃木良夫）、卫生：斋久工业（寒河江浩之）、中水道：西原卫生工业所（中岛志朗）、电梯：三菱电机（江泽孝一）、日立制作所（花月伸丹）、特别高压变电设备：三菱电机（小熊猛严）、防盗：三菱电机（千叶浩史）、应急发电机：东芝（渡边节夫）、栽植：小岩井农牧（铃木周）　施工时间●2007年2月～2009年4月　开业日●2009年5月8日

将西侧作为主采光面
提高开口率

重视眺望，干脆把西侧作为主采光面，设置了高2520mm的窗户。开口率是53.3%。采用了0.42以下太阳辐射吸收率高的青灰色Low-E双层玻璃。空调设备，分直接受到太阳辐射影响的周边区和内部区，在周边区按跨度设置窗际风冷热泵空调，可细微调节。

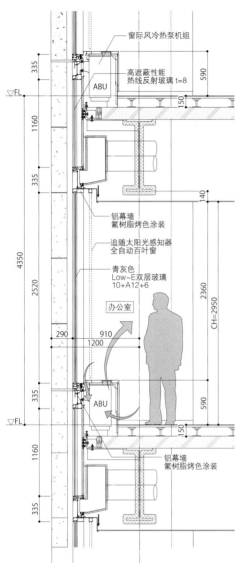

剖面大样图1/50

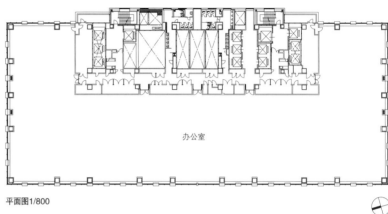

平面图1/800

重视眺望，干脆把视野开阔的西侧作为主采光面。开口率提高，百叶窗收纳箱部分向上折叠，窗子有2520mm的高度

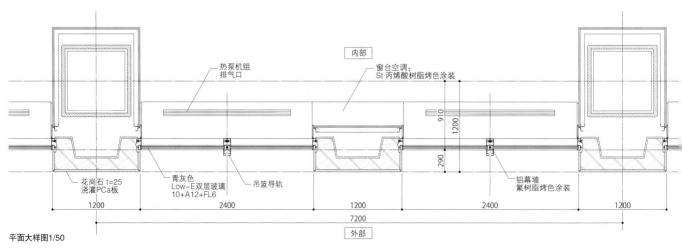

平面大样图1/50

左　仰望东侧墙壁。右侧看到的建筑是先行建设的N馆
右上　以外资系、金融系等企业为对象，确保2950mm的室内净高度。OA
地板高度150mm
右下　标准层的出租面积2065㎡。为了追求功能性，采用了大空间设计。
多层使用时，可以设置内部楼梯

该建筑是MORI TRUST公司在东京站日本桥口附近进行再开发的第2期工程。同2003年完成的第1期N馆形成了双塔楼。以外资系、金融系等企业为对象，将室内净高度设为2950mm，屋顶设置了专用发电机、冷却塔等。

因为将眺望作为吸引顾客的特色，所以离旁边的楼很近的东侧作为工作场所的核心，将视野开阔的西侧作为主采光面。负责设计工作的安井建筑设计事务所设计主任熊谷泰彦先生说："为了更好地眺望天空，将窗子的百叶窗收纳箱部分向上折叠，下面的窗际空调上挡板

降低了40mm，提高了开窗率"。

窗子高度是2520mm。开窗率N馆是50%，此建筑是53.3%。负责设备设计的森村设计理事横山丰先生说："下午4～5点，阳光横着射进来，格栅等起不到作用。所以得在玻璃上想办法。"通常玻璃的太阳辐射热量的吸收率是0.5左右，这次采用了0.42以下的青灰色Low-E双层玻璃。

空调设备方面，将接受太阳辐射影响的周边区和内部区分离。周边区按跨度设置风冷热泵空调，可根据太阳辐射量进行调节。

丸之内TRUST TOWER本馆
所在地●东京都千代田区丸之内1-8-3　主要用途●事务所、宾馆、店铺　地域·地区●商业地域、防火地域、都市再生特别地区　建筑密度●54.40%（容许60%）容积率●1299.24%（容许1300%）前面道路●东40m、北36.65m　用地面积●12026.77㎡　占地面积●3318.31　建筑总面积●115379.68㎡　结构·层数●S结构·一部分SRC、地下4层·地上37层　标准层面积●2640㎡　基础·桩●现浇混凝土桩、直接桩（桩筏工法）高度●最高高度178.00m、檐高165.00m、层高4.35m、室内净高2.95m（办公标准层）主跨度●7.2m×19.8m、10.8m×19.8m　委托建设单位（甲方）●MORI TRUST　设计●安井建筑设计事务所（总负责：木村佐近、建筑：熊谷泰彦、结构：小野俊博）、实施设计共同设计：户田建设（渡边忠）、设备：森村设计（横山丰）监理●安井建筑设计事务所（岩坂周一）施工●户田设计（野坂浩司）、空调：三机工业、卫生：三建设备工业、电气：KINDEN　设计时间●2005年2月～2006年1月　施工时间●2006年2月～2008年11月　开业日●2008年12月1日

中规模办公楼设置通风窗 减少冷气负荷，注重人的感受

ESLEAD BUILDING本町

竹中工务店大阪本店设计部，以既控制环境负荷（生态学），又注重使用者感受（感情的）的"生态·情感建筑"为目标，制定了评价方法。

设计的目标是："与其主动，不如先被动考虑"、"不仅仅是视觉，要让五官感受来决定空间"。使用者的实际感受优先于设计性，并利用自然能源，将机械控制限制在最小限度。

例如：办公楼的窗户周边，设置能开闭的开口是很重要的。春、秋可以自然通风，不仅减少冷气负荷，还能提高使用者的感觉。这种想法的案例已经出现在中规模办公楼中。

每层可分割成4家的出租楼

以商品房为主业的日本ESLEAD公司，在大阪市中央区建成的14层出租办公楼。以高新中小企业为主要对象，17.5m×29m的标准层办公室可分割成4家。一整层出租时，出租面积系数为83%；分割成4家出租时，出租面积系数为79%。进深为17.5m，虽有些深度，但在电梯厅的最深处设置了开口，既能采光，还能眺望，具有一定的开放感。2009年2月竣工，同年7月开始招募承租人。

要在南面下功夫，使室温均衡

大阪市中央区。面向本町大街的出租办公楼，于2009年7月开放。这就是日本ESLEAD公司以高新中小企业为主要对象建设的"ESLEAD BUILDING本町"。二至十四层为标准层，是平面为17.5m×29m的无柱办公空间。进深较深为17.5m，但在公共空间周围设置了能够采自然光的开口，打消了进深深的感觉。

此建筑最大的特点是，在标准层的南面，每2个柱距设置1个能开闭的开口。竹中工务店设计部科长代理垣田博之先生把南面称为"呼吸的立面"。通气窗部分是镶了百叶窗的设备给气口，从1300mm的高度到通气窗下边是能够开闭的外开窗。每层600mm的挑板也起着挑檐的作用。开口的外侧装有铝格栅，在应急时用的辅助替代入口处，将格栅做成了门。

日本ESLEAD事业第3部的小松裕邦部长回忆道："根据施工成本和出租面积系数，考虑了环境、节能等问题。为了使室内环境均一，在设计阶段，争论最多的是南侧周边的做法"。

开口部用的不是Low-E玻璃，而是12mm的平板玻璃。垣田先生说："采用了夏天从顶棚下的管嘴吸热气，冬天从包着柱子的管道下部吸冷气的简易空气流动方式。一边控制施工成本，一边想办法缩小窗户周边和内部的温度差"。

另外，利用楼梯间的烟囱抽吸效果，促使自然换气的"烟囱效应"的做法，是用在了神户市中央区的"ASICS本社东馆"。

东馆的三至五层是鞋等策划的开发部门。在这3层的东侧设置了2处阳台，还安装了可手动开闭的上悬外撑窗。利用压力差，将从这里吸入的自然风从楼梯间的上部开口排出。

设置阳台刺激五官感受

竹中工务店技术研究所在竣工后进行的实际检测中得出的结果是，4~6月和10~11月期间，打开上悬外撑窗自然换气，冷气负荷会减少10%~19%。

ASICS管理统括部人事总务部总务组的原宏一经理说："在本社的既存楼，已经养成了自己开窗通风的习惯。"手动开窗的结构是建立在这样的基础之上的。

阳台还起着刺激使用者感受的作用。竹中工务店设计部副部长增田俊哉先生说："我个人认为建筑外部化已成为主题词，设置接触外气的场所，可以感受丰富的空间。"

每层阳台的位置错开，为的是上下层的交流。

主张生态·情感建筑的同社设计部首席建筑师酒井利行先生说："自然通风可刺激五官感受。我想根据实际的脑波测定，得到具体的结果，在今后审图时，指导设置窗户的位置"。

ASICS本社东馆

在已建25年的本馆上增建

约25年前，在神户市神户港湾人工岛建成的ASICS本社。约700名职工在此工作。东馆的增建完成了4栋楼围成庭院的计划。东馆重视庭院的开放性，以及同周边街区的连续性，采用了Low-E玻璃的透明立面。一至二层是"ASICS体育博物馆"。三至五层是策划开发部门的办公室。采用了在窗户周边设置楼梯等，重视本层及各层之间交流的计划。

引入自然风
创造会呼吸的立面

南面，除了有手动开闭的外开玻璃窗外，通气窗部分还设置了设备给气用开口，外侧装有铝格栅。一部分玻璃窗也能当应急用的替代入口，所以，这部分格栅是能够开闭的。夏天从顶棚下的管嘴吸热气，冬天从柱子下部的吸气口吸冷气，使窗户周边温度同室内温度一致。

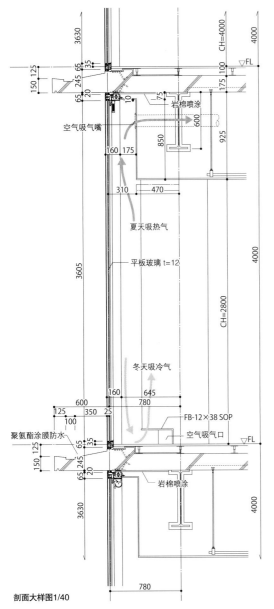

空气吸气嘴

岩棉喷涂

夏天吸热气

平板玻璃 t=12

冬天吸冷气

FB-12×38 SOP

空气吸气口

聚氨酯涂膜防水

岩棉喷涂

剖面大样图1/40

预想将楼层分割成4家，所以每2个柱距设置1个能开闭的开口。只有在每层防火区的挑檐部分用PCa（预应力混凝土）。支撑外侧格栅的支柱上设置了水落管。冬天从右侧柱子下部吸冷气

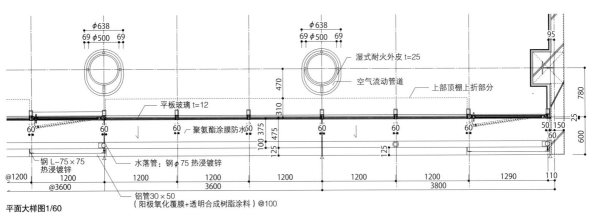

φ638
69 φ500 69

φ638
69 φ500 69

湿式耐火外皮 t=25

空气流动管道

上部顶棚上折部分

平板玻璃 t=12

聚氨酯涂膜防水

钢 L-75×75
热浸镀锌

水落管：钢 φ75 热浸镀锌

铝管30×50
（阳极氧化覆膜+透明合成树脂涂料）@100

平面大样图1/60

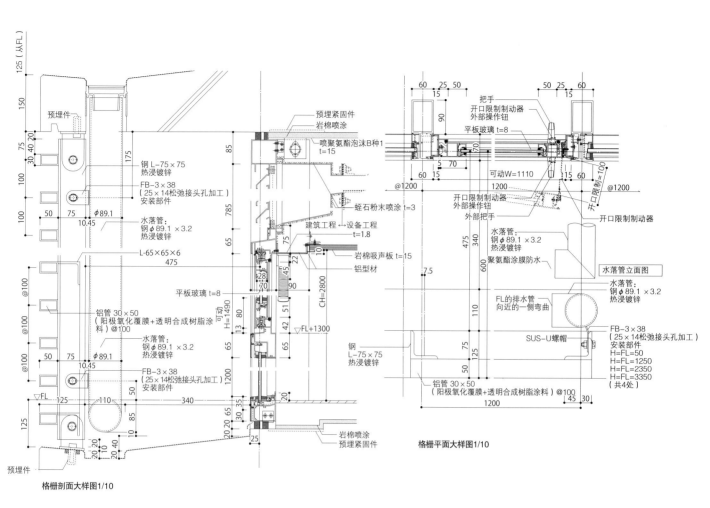

格栅剖面大样图1/10

格栅平面大样图1/10

左　从南侧本町大街看到的全景。装有铝格栅的开口，有的上下层对齐，有的不规则配置。地下设置了减震装置，采用了RC墙围成ⴳ字形的外壳结构。柱梁等是S结构。

上　标准层办公室。楼层分割成4家时，利用左手边看到的柱子，形成东西贯通走廊的形式来设置隔断。办公室的地板是在高100mm的OA地板上铺了拼接地毯。顶棚是600mm见方的集成吊顶

建筑物的北侧。在电梯厅的最里边设置的采光口。像是绘制用地形状似的，在平面上制作了落差，确保了开口

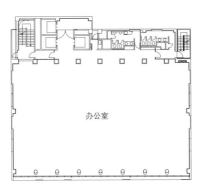

二至十四层平面图

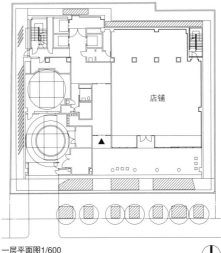

一层平面图1/600

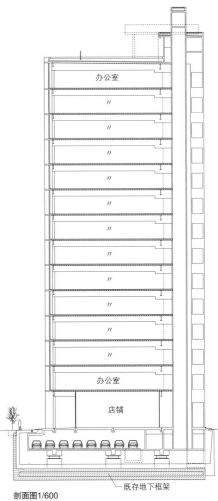

剖面图1/600

└─ 既存地下框架

设计者的声音

集中通风、给气等功能

竹中工务店设计部科长代理

垣田博之

采用了利用既存框架底板的减震结构。用RC结构墙体围成コ字形的结构体，确保了17.5m×29m的无柱办公空间。在结构上，因为不能在墙上开贯通孔，所以尽量将设备的给气口、吸风开口、应急用入口等都集中放在南面。其结果形成了"呼吸的立面"。采用了柱子上组装管道，顶棚下设置管嘴的简易空气流动方式。夏天窗户周边温度会升高，尽量减少用降低设定温度来控制室内温度差。

ESLEAD BUILDING本町

所在地●大阪市中央区本町1-4-8 地域・地区●商业地域、防火地域 建筑密度●61.48%（容许100%） 容积率●848.51%（容许489.42%） 前面道路●南侧21.81m 停车台数●28台 用地面积●1144.81㎡ 占地面积●703.82㎡ 建筑总面积●10408.24㎡ 结构・层数●S+RC结构（减震结构）、地下1层·地上14层 标准层面积●687.64㎡ 基础・桩●板式基础 高度●最高高度59.2m、檐高58.3m、层高4m、室内净高2.8m 主跨度●29.2m×17.5m 委托建设单位（甲方）·运营者●日本ESLEAD 设计・监理●竹中工务店（建筑：垣田博之、结构：池内邦江、设备：铃木畅人、监理：吉水敬三） 施工●竹中工务店（建筑：境嘉孝、空调·卫生：山本诚） 设计时间●2006年8月～2008年2月 施工时间●2008年2月～2009年5月 开业时间●2009年7月1日

[外部装饰] 屋顶●沥青防水、浇筑混凝土t=80 外墙●清水混凝土饰面 硅透明防水材料、一部分铝板t=3 外围装配件●铝窗、平板玻璃（一部分夹丝）、一部分铝格栅

阳台利用手动开闭窗的烟囱效应促进自然换气

三至五层的东面各层设的2个阳台，用H型钢组装楼面，从外墙面挑出1.6m。阳台的室内侧，从外墙面凹进2m，就是打开两连上悬外撑换气窗，雨也不会进来。各层的阳台间配置了促使上下层交流的"交流楼梯"。面对大街，内部的活动是开放的。另外，西侧还有一排推拉玻璃窗。

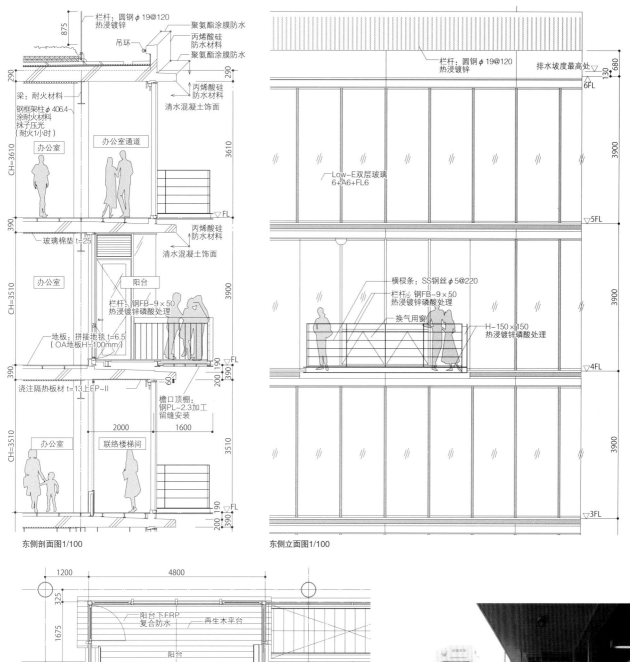

东侧剖面图1/100

栏杆：圆钢φ19@120 热浸镀锌
吊环
聚氨酯涂膜防水
丙烯酸硅防水材料
聚氨酯涂膜防水
丙烯酸硅防水材料
清水混凝土饰面
梁：耐火材料
钢框架柱φ406.4 涂耐火材料 抹子压光（耐火1小时）
办公室
办公室通道
玻璃棉垫t=25
丙烯酸硅防水材料
清水混凝土饰面
办公室
阳台
栏杆：钢FB-9×50 热浸镀锌磷酸处理
地板：拼接地毯t=6.5（OA地板H=100mm）
浇注隔热板材t=13上EP-II
檐口顶棚：钢PL-2.3加工留缝安装
办公室
联络楼梯间

CH=3610
290
290
3610
390
3900
390
CH=3510
CH=3510
3510
875
2000
1600
60
200 190 390
200 190 390

栏杆：圆钢φ19@120 热浸镀锌
排水坡度最高处
Low-E双层玻璃 6+A6+FL6
横棂条：SS钢丝φ5@220
栏杆：钢FB-9×50 热浸镀锌磷酸处理
换气用窗
H-150×150 热浸镀锌磷酸处理

东侧立面图1/100

6FL
680
130
5FL
4FL
3FL
3900
3900
3900

四层阳台平面图1/100

1200
4800
325
1675
1600
150 4200 150
7200

阳台下FRP复合防水
再生木平台
阳台

东面阳台。从玻璃外墙面凹进2m，具有安全感。站在边上，可看到斜下方下一层的阳台。栏杆高度1.1m，上悬外撑窗的有效开窗面积是0.254m²

上 屋顶花园广场。也用于鞋子开发实验
下 楼梯间最上部的换气用开口。纵向铝防水百叶窗的内侧装有双开的防火窗。用手边的把手开关

上 办公室层东侧的阳台周边。在6mm厚的Low-E玻璃的双层玻璃内侧，安装了由程序控制的自动百叶窗
下 站在南侧看办公室。中央设置了圆形的会议空间，东侧的窗户周边摆放的桌子，与个人的办公空间区分开。面向中庭的西侧有一排推拉玻璃窗。结构以9.2m×7.2m跨度的钢框架为主，两端的SRC结构核心承受水平荷载。地面是合成地板，没有梁。顶棚为高3.4m的骨架吊顶

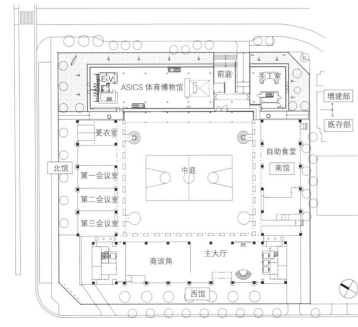

一层总平面图1/1200

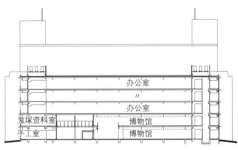

南北剖面图1/1200

东西剖面图

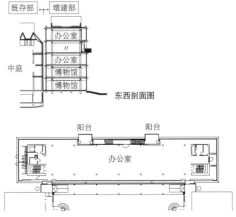

四层平面图

南北避难楼梯的最上部设置了随手可开关的窗户。将它作为利用压力差形成烟囱效应，促使自然换气的"风烟囱"。在竹中工务店，以当地风速、风向为基础，通过办公室内换气的模拟实验，研究决定了室内开窗的位置和大小。

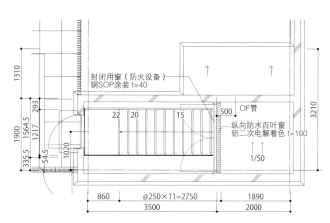

屋顶楼梯间平面图1/100

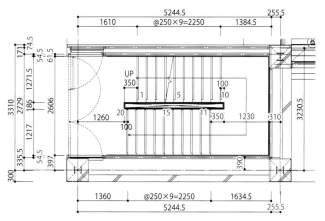

三至五层楼梯间平面图1/100

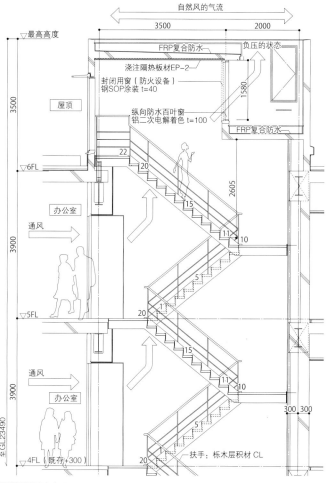

楼梯间剖面图1/100

设计者的声音
营求能够上下层交流的阳台

竹中工务店设计部科长代理
日野宏二

　　三至五层的东面各层设的两个阳台，是参观爱媛县八幡浜市的日立小学时想到的。我想站在阳台时，如果能看到下边的人会很高兴，每层都错开，感觉像融入墙面那样，自然地插进去。雨天时打开阳台里面的换气窗也不会进雨。

　　2009年10月以来，风烟囱24小时开着。以本社设计本部办公楼设计咨询部为主体的使用者问卷调查，以及技术研究所进行的实际检测，期待今后很好的使用效果。

ASICS本社东馆
所在地●神户市中央区港岛中町7-1-1　地域·地区●商业地域　建筑密度●70.80%（容许80%、既存+增建）　容积率●346.94%（容许400%、既存+增建）用地面积●6615.99m²　占地面积●683.40m²（增建部）建筑总面积●4087.46m²（增建部）　结构·层数●S结构·一部分SRC结构、地上6层　办公室层面积●845.64 m²　高度●最高高度23.49m、层高3.9m、室内净高3.485m　基础·桩●桩基础　主跨度●7.2m×9.2m　委托建设单位（甲方）·运营者●ASICS　设计·监理●竹中工务店（建筑：日野宏二、结构：前川元伸、设备：松井秀吉、办公室景观：大川彻、监理：横山真雄）设计协助●照明：SUTAIRUMATEKKU(松本浩作)　施工●竹中工务店（藤田秀明）施工协助●空调：大气社、卫生：三神工业、电气：KINDEN　设计时间●2007年1月～2008年5月　施工时间●2008年5月～2009年3月　使用开始时间●2009年7月2日
[外部装饰]屋顶●沥青隔热防水　浇筑混凝土　铺草坪　外墙●挤压成型混凝土板　防水材料涂布　外围装配件●铝窗

宾馆

GARDEN TERRACE 长崎

长崎县长崎市

设计：隈研吾建筑都市设计事务所

本馆西侧入口。此建筑为地下1层，地上4层，入口在3层。不规则的窗户和杉木板的布置一直通到檐的底部

看上去不规则的景色与杉木板外墙的轻盈感

"GARDEN TERRACE 长崎"是有结婚典礼场所的游览地宾馆，建在能够眺望长崎港的稻佐山脚下的长崎市秋月町。由经营冠婚丧祭的MEMOLEAD公司委托隈研吾先生设计，2009年7月开放。

走在面向本馆西侧入口的引道时，被折纸般的有凹凸几何学的外墙所吸引。组装成板状的杉木板材和不规则的窗户给人留下了深刻印象。

这种设计与装饰，在面向海的东侧立面表现得更加清楚。杉木是日本的中国地区和九州产的间伐材，板厚15mm、宽60mm，用企口榫接和螺丝钉固定，连接成板状。在耐火夹层板上不规则地布置，感觉是浮着贴在墙上一样。板间的缝隙均为40mm，使得看起来像是用同样粗的线勾画出的抽象画一样。

施工中有"外形好酷"的声音

板的布置以窗户的位置为基准。因为人们把这里称为"长崎最后的一等地"，有着眺望绝景的地利，所以要重视从建筑物内部能看到什么。从内部往外看的时候，大大小小的窗户形成的各种各样的景色能使大家不会看厌。同时，在整个外墙上，窗户和杉木板以相同的格调构成，使外墙产生了一定的动态。在最上层的礼拜堂，这种格调反映在顶棚的天窗上，使整个建筑很有一体感。

设计当初，隈先生提出："这种规模的建筑，木材能使用到什么程度？"。MEMOLEAD的常务董事吉田昌敬先生回忆说："最初，能

上　为了让人们感觉不到钢框架柱的位置，不规则地配置了窗户。窗户和周边的杉木板作为一个单位，布置了外墙面。隈先生说："制定了单位，就容易掌握了。"关于板之间缝的宽度，在现场做了几个试验，决定为40mm。杉木板横竖分开贴，根据光线的不同，效果会有变化。隈先生说："宾馆外墙使用这些木材，如果没有委托建设单位的理解，是无法实现的。在这一点上，这个项目很幸运"
下　本馆东侧。最上层礼拜堂的天窗增加了轻盈感

做成什么样子，心里一点都没数。"但是，随着工程的进展，从工作人员那里听到了"外形好酷"的声音。

该公司至今已开发成年·结婚·丧葬·祭祀设施近120个。这次的建筑同以往完全不同。在长崎，这种游览地宾馆很少见，成为新的名胜。到了晚上，从不规则的窗户透出的光成了一景，形成了同对岸的夜景完全不同的景象。当地的人们特意来这里住宿的也不少。

东西和南北有变化
整体上有一体感

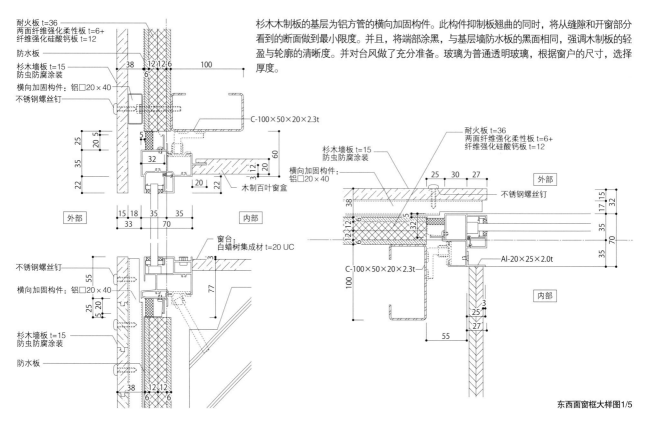

杉木木制板的基层为铝方管的横向加固构件。此构件抑制板翘曲的同时，将从缝隙和开窗部分看到的断面做到最小限度。并且，将端部涂黑，与基层墙防水板的黑面相同，强调木制板的轻盈与轮廓的清晰度。并对台风做了充分准备。玻璃为普通透明玻璃，根据窗户的尺寸，选择厚度。

耐火板 t=36
两面纤维强化柔性板 t=6+
纤维强化硅酸钙板 t=12
防水板
杉木墙板 t=15
防虫防腐涂装
横向加固构件：铝□20×40
不锈钢螺丝钉

C-100×50×20×2.3t

外部
内部

木制百叶窗盒

窗台：
白蜡树集成材 t=20 UC

不锈钢螺丝钉
横向加固构件：铝□20×40
杉木墙板 t=15
防虫防腐涂装
防水板

耐火板 t=36
两面纤维强化柔性板 t=6+
纤维强化硅酸钙板 t=12
杉木墙板 t=15
防虫防腐涂装
横向加固构件：
铝□20×40
不锈钢螺丝钉

外部
内部

C-100×50×20×2.3t
AI-20×25×2.0t

东西面窗框大样图1/5

南北面屋顶设计像是垂到了地面。同天窗一样，有进深，为了方便施工，使用了预制的水泥板和铝窗，窗户和外墙面不在一个平面上，水泥板的内侧包住了窗框，看不到窗框的外观。水泥板的侧面贴了铝材。

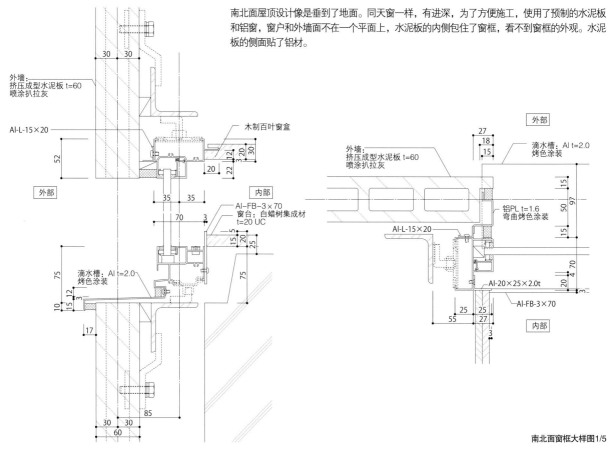

外墙：
挤压成型水泥板 t=60
喷涂扒拉灰

AI-L-15×20

木制百叶窗盒

外部
内部

AI-FB-3×70
窗台：白蜡树集成材
t=20 UC

滴水槽：AI t=2.0
烤色涂装

外墙：
挤压成型水泥板 t=60
喷涂扒拉灰

AI-L-15×20

外部
内部

滴水槽：AI t=2.0
烤色涂装

铝PL t=1.6
弯曲烤色涂装

AI-20×25×2.0t
AI-FB-3×70

内部

南北面窗框大样图1/5

从北侧看本馆。从墙壁、屋顶、顶棚一体化的设计意图出发，西侧的屋顶像是墙壁向上折，北侧的墙壁像是礼拜堂的顶棚垂下来，挤压成型水泥板喷涂扒拉灰装饰

本馆三层餐厅。窗户取到长崎港各种各样的景色。顶棚的装饰也与外墙统一

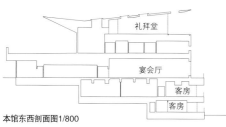

本馆东西剖面图1/800

本馆四层平面图

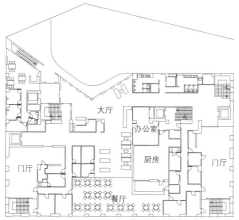

本馆三层平面图1/800

设计者的声音

传达"木材感"的细部

建筑师、东京大学教授
隈研吾

决定材料，就像是决定建筑的特征，我一直有使用天然木材的想法。这次的木材是作为装饰使用的。所谓"木材感"，如果不特意设计，就无法表现。该建筑上的木材看着很薄，是为了强调木材的轻盈感。为此，细心研究了部件的尺寸、缝隙的宽度、板的安装方法、开口部的平衡等。

GARDEN TERRACE 长崎

所在地●长崎县长崎市秋月町2-3 主要用途●宾馆 地域·地区●第二类居住地域、秋月町地区规划区域 建筑密度●31.81%（容许80%） 容积率●70.8%（容许200%） 前面道路●8m 用地面积●10034.47㎡ 占地面积●3191.85㎡ 建筑总面积●7104.18㎡ 结构·层数●S结构·一部分RC结构、地下1层·地上4层（本馆）、地下1层·地上2层（KOTEIJI栋1）、地上1层（KOTEIJI栋2）、地下1层·地上2层（餐厅栋） 基础·桩●板式基础 高度●最高高度24.73m、檐高24.63m、层高5.86m、室内净高4.5m 主跨度●7m×9.9m 委托建设单位（甲方）·运营者●MEMOLEAD 设计·监理●隈研吾建筑都市设计事务所（隈研吾） 设计协助●结构：牧野结构设计（牧野里美）、设备：森村设计（细川雅之）、餐厅栋：清水建设（古株友德） 施工●清水建设（池田和久） 施工协助●电气：九电工（村田信一）、空调·卫生：九电工（柴田英宣） 设计时间●2007年3月～2008年5月 施工时间●2008年6月～2009年6月 开业时间●2009年7月2日

车站

岩见泽综合车站

北海道岩见泽市
设计：WORKVISIONS

唤起城市记忆的
旧轨道的玻璃竖框

　　暑假后的一个晴朗的早晨，车站前广场的草坪上有数十名小学生在写生。画的是2009年3月开业的JR函馆本线·岩见泽站的新车站。

　　偷偷地看了一下每个孩子的画，画画顺序有一个共同点。先画车站整个四方形的轮廓，再认真地画上很多竖线。引起孩子们注意的竖线是车站幕墙上使用的铁道旧轨道。

　　从北海道旅客铁道（JR北海道）的管辖区内收集的232根旧轨道，以同铁道的窄轨1067mm尺寸基本相同的1.1m为间隔，安装在了支撑双层玻璃的铝型材外侧。下端露出断面，不仅是向行人传达这是轨道的信息，同时也有吸收铁的热伸缩的作用。

　　旧轨道是煤矿开发最盛时期的20世纪60年代，在东北地区以北最大调车场岩见泽站，以及曾是铁道城市的岩见泽市的铁道遗产之一。随着煤矿停产，调车场不断缩小，加上，2000年12月，有70年历史的老车站因火灾被毁，回忆往事的事物几乎没有了。

　　亲手设计新车站的WORKVISIONS公司代表西村浩先生说："同被时代愚弄而衰退的很多城市一样，岩见泽的人们也开始忘记城市的记忆。为了唤起城市记忆，抓住市民着眼于城市建设的契机，提出了使用象征'铁道城市'的旧轨道和红砖建造车站的方案"。

　　新的岩见泽车站是在JR北海道和岩见泽市的共同努力下，作为车站功能与市设施共存的综合车站建造的。2005年进行了岩见泽车站建筑设计竞赛，从376件应募设计作品中选出了西村先生的方案。

从站前广场看到的夜景。二三层将7m长的铁道旧轨道用在了竖框上。铁导轨上涂了抑制生锈的锈转换剂

上 旧轨道的竖框间隔是1.1m，同原来的导轨间距1067mm基本相同。一层的外墙垒砌了4777块砖，这些砖刻着从世界各地招募的购买者的名字和出生地

左 综合车站整体，是在玻璃幕墙的建筑中，装进了用砖围起的办公空间，像是一个套盒的结构。两者之间基本上是无空调区域，玻璃幕墙的上部设了换气口

收集了4777块刻字砖

岩见泽综合车站像一个"套盒"一样，在旧轨道竖框的玻璃幕墙的建筑中，容纳了JR车站和市服务中心2个设施。在幕墙与红砖装饰而成的各设施之间形成了人们的回旋空间。

西村先生在设计竞赛时就开始使用的"车站的力量"这组词，想建造市民参与的车站，力争建成后成为市民集中的车站。他还经常亲自去岩见泽，提高了市民的热情。

象征其成果之一的是，面向站前广场长137m的一面墙的红砖。这些红砖是从市民志愿者中募集的，共4777块。红砖上刻有购买者的名字和出生地。建造车站的热情渐渐高涨起来，还举办了各种各样的活动。

竞赛发起人JR北海道地域设计部主任仓谷正先生说："在建造车站的过程中，市民踊跃参与是比什么都珍贵的财产。今后作为地方、城市据点的车站，应该是市民参与，为城市建设作贡献的车站。"仓谷正先生说服公司上层，此建筑是该单位的第一次公开竞赛。

新车站完成后，JR北海道同地方的合作还在继续。JR正在同地方一起摸索利用车站北侧明治时期建的砖结构"轨道中心"进行城市改造。仓谷先生强调说："公司内部的调整会遇到困难，但是，如果没有排除万难的意志，对城市有益的车站是建不成的"。

旧轨道从屋顶垂下
只承受风压

用于幕墙的232根旧轨道，每米重30kg，是从JR北海道的管辖区内收集的。使用的轨道都有弯曲或磨损，因此，经过加热，矫正成了直线状。7m长的轨道，1根的重量是210kg，所以，使用了从屋顶吊装的结构，轨道本身只能负担风压。大开口的双层玻璃由轨道内侧的铝型材支撑。

轨道上都刻着制造商和年代。为了吸收热伸缩，下端设置了数厘米的伸缩余量

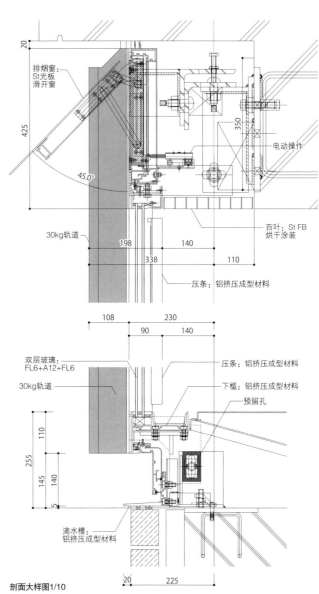

排烟窗：
St光板
滑开窗

30kg轨道

百叶：St FB
烘干涂装

电动操作

压条：铝挤压成型材料

双层玻璃：
FL6+A12+FL6

30kg轨道

压条：铝挤压成型材料

下槛：铝挤压成型材料

预留孔

滴水槽：
铝挤压成型材料

剖面大样图1/10

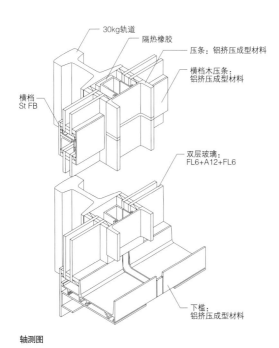

30kg轨道

隔热橡胶

压条：铝挤压成型材料

横档木压条：
铝挤压成型材料

横档
St FB

双层玻璃：
FL6+A12+FL6

下槛：
铝挤压成型材料

轴测图

从二层中心大厅观看。吊着竖框的屋顶是预应力混凝土结构

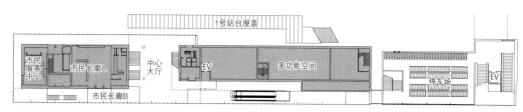

二层平面图

岩见泽市设施　车站部分　南升降栋

管理办公室　店铺　EV　店铺　车站后方房间　停车场　EV

西入口▶　中央入口▲　东入口▲　过街天桥南入口

一层平面图1/1000

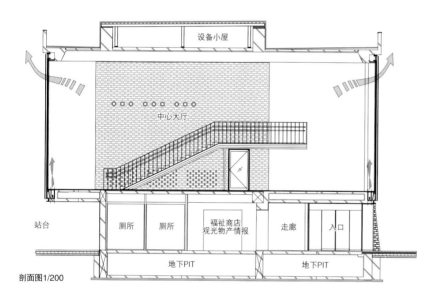

设备小屋

中心大厅

站台　厕所　厕所　福祉商店 观光物产情报　走廊　入口

地下PIT　地下PIT

剖面图1/200

设计者的声音

不辞辛苦向市民公开

WORKVISIONS公司代表
西村浩

　　我多去了几次岩见泽之后，发现当地的市民、各团体、大学等慢慢地开始参与车站建造的策划。我从建筑、住宅到土木工程都做过设计。这次将项目面向市民公开的程序接近土木工程。只要不辞辛苦地重视这个过程，我想公共设施是个"箱物（空壳）"的批评声就不会有了吧！幕墙的旧轨道非常有意思，其中还有制造年为"2601年"这种以皇纪（日本纪元）刻字的战争时期的东西。现在，正在制作旧轨道的一览表，同当地人士探讨用于城镇改造。

岩见泽综合车站

[共通]所在地●北海道岩见泽市有明町南　地域·地区●商业地域、准防火地域　建筑密度●64.86%（容许80%）　容积率●103.81%（容许400%）　用地面积●3321.58㎡　占地面积●2154.38㎡　建筑总面积●4345.08㎡　企业●岩见泽市、北海道旅客铁道（JR北海道）　设计●WORKVISIONS（西村浩）　设计·监理协助●结构：山田构造设计事务所（山田泰范）、机械（不含车站）：Lapin建筑设备工房（高桥计之）、电气（不含车站）：环境ENJINIARINGU（成田赞久）　施工（不含车站）●札建工业·胜井建设工业JV（田中知彦）　设计时间●2005年5月～2006年3月　施工时间●2006年6月～2009年3月

[车站]占地面积●697.62㎡　建筑总面积●1324.919㎡　结构·层数●RC结构、地上3层　高度●最高高度11.92m、檐高10.77m　监理●WORKVISIONS（西村浩）、JR北海道（建筑：藤田荣治、机械：佐佐木勇二、电气：野村敏明、通信：柴田幸俊）　施工●札建工业·KATSUI·胜井建设工业JV（田中知彦）　施工协助●机械：札幌交通机械（小山田刚）、电气·通信：DOUDEN（松下昌树、田村久）

[岩见泽市设施]占地面积●890.575㎡　建筑总面积●1525.238㎡　结构·层数●RC结构、地上3层　高度●最高高度11.92m，檐高10.77m　综合调整●岩见泽市　监理●WORKVISIONS（西村浩）、JR北海道（飞内敏治）　施工协助●机械：日管建设（大岛敏宏）、电气：TAKASAKI电设（桥场笃志）、水平吊杆：池下电设（山田茂雄）、标识：日本CREATE（长山滋）、家具：及川建设（及川铁雄）

[南升降栋·北升降栋]占地面积●566.188㎡（南）、457.38㎡（北）　建筑总面积●1494.925㎡（南）、664.29㎡（北）　结构·层数●S结构·一部分RC结构（南）、RC结构（北）、地上3层　综合调整●岩见泽市　监理●WORKVISIONS（西村浩）　施工协助●机械：三机工业（飞驒年成）、电气：鹤谷电气（铃木淳）、标识：日本CREATE（长山滋）

[自由通道]面积●716.13㎡　结构●钢-混凝土组合地板桥（下部工）、S结构·一部分RC结构（上部工）　综合调整●岩见泽市　监理●WORKVISIONS（西村浩）　设计协助●桥梁大梁·下部工：北海道JIEI·AARU·KONSARUTANTSU(嘉藤宪之)　监理协助●JR北海道（菅川修次）　施工协助●桥梁大梁·下部工：札建工业·KATSUI·胜井建设工业JV(龟井康弘)　施工协助●桥梁大梁制作：樱井铁工（品田烈）、机械：三机工业（飞驒年成）、电气：鹤谷电气（铃木淳）、标识：日本CREATE（长山滋）

名古屋 INTERCITY

名古屋市中区

设计：日本设计

重复使用同样的部件
建造富有变化的外观

从东侧伏见大街仰望。双面层与大小不一的PCa板组合
的立面。以白和黑为基调，通过CG与大模型决定模式

名古屋·伏见地区的办公楼重建。既存建筑是原日本兴业银行名古屋地区的本部，是具有传统风格特征的名古屋兴银大厦。兴和不动产想使这个建筑焕然一新。兴和不动产的名仓三喜男社长说："希望设计成给人的第一印象就很美的讲究的建筑，并为城市的活性化作出贡献。"想建成高规格、包括用地也具有竞争力的大楼。挑战新的尝试成为这个设计的课题。

日本设计建筑设计群首席设计师筱崎淳先生说："主题是精致与高档。引人注目，但不浮夸。追求自然的心情舒畅的有动感的立面"。

主立面的东面由PCa板与成套的双面层幕墙组合而成。重复2个跨度、4层楼高的基本模式，使得整体具有动感。

筱崎先生介绍说："超高层楼一般是根据牢固的网格，追求生产性与合理性。对此，我们在采用了合理的有规则的章法的基础上，设计出看似不规则的立面"。

兴和不动产为了提高环境性能，初次使用了双面层。内外玻璃间隔是275mm的紧凑组合型，内侧的窗户可以开闭。

超高层楼窗户的开闭，会有空调平衡、强风时的安全对策等问题。通过风洞试验验证，完成了这些设计课题。打开内侧的窗户，可以吸入外气，春秋与夏季夜间不需要空调。

上　种植了8m高树木的屋顶花园
下　从东南侧观望。建在伏见大街（右侧）和锦大街的十字路口。此建筑是支援优良的民间都市再开发事业"城市再生出资业务"项目，委托建设单位是为此设定的SPC特定目的公司

基本模式相连
产生心情舒畅的动感

开闭的内侧窗户。右侧，居住者可自由开闭换气。左侧，扫除
等维修用，用专用器具打开

立面的模式布置。16枚双面层的组合与PCa板构成2个跨度、4层楼
高的一个单元。采用规则的方法，达到不规则的效果

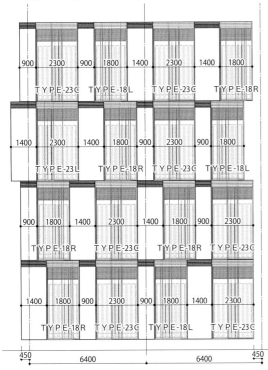

墙面模式布置图1/200

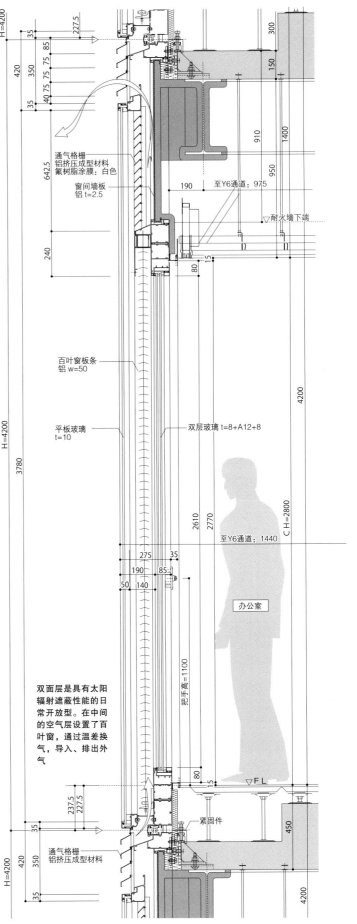

通气格栅
铝挤压成型材料
氟树脂涂膜：白色

窗间墙板
铝 t=2.5

至Y6通道：975

▽耐火墙下端

百叶窗板条
铝 w=50

平板玻璃
t=10

双层玻璃 t=8+A12+8

至Y6通道：1440

办公室

双面层是具有太阳
辐射遮蔽性能的日
常开放型。在中间
的空气层设置了百
叶窗，通过温差换
气，导入、排出外
气

把手高=1100

▽FL

紧固件

通气格栅
铝挤压成型材料

办公室窗户周边剖面大样图1/20

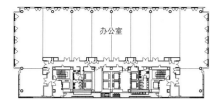

标准层（八至九层）平面图

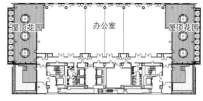

十八层平面图

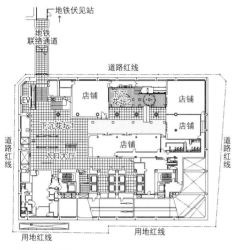

地下一层平面图

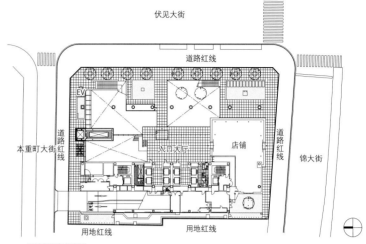

一层平面图1/1200

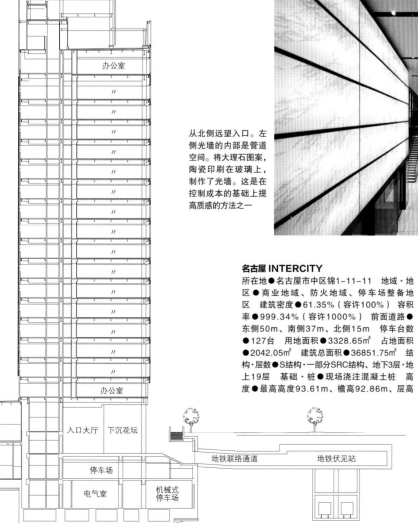

从北侧远望入口。左侧光墙的内部是管道空间。将大理石图案，陶瓷印刷在玻璃上，制作了光墙。这是在控制成本的基础上提高质感的方法之一

东西剖面图1/800

名古屋 INTERCITY

所在地●名古屋市中区锦1-11-11　地域·地区●商业地域、防火地域、停车场整备地区　建筑密度●61.35%（容许100%）容积率●999.34%（容许1000%）前面道路●东侧50m、南侧37m、北侧15m　停车台数●127台　用地面积●3328.65㎡　占地面积●2042.05㎡　建筑总面积●36851.75㎡　结构·层数●S结构·一部分SRC结构，地下3层·地上19层　基础·桩●现场浇注混凝土桩　高度●最高高度93.61m、檐高92.86m，层高

4.2m、室内净高2.8m　主跨度●6.4m×18m、6.4m×7.2m　委托建设单位（甲方）●SPC特定目的公司　开发业务受托·运营者●兴和不动产　设计●日本设计（总负责：筱崎淳、建筑：东正典，结构：石塚秀教，设备：大串辰雄，预算：中山志松）设计协助●土木：芝山CONSTRUTION(石田喜笃)　监理●日本设计（总负责：水野一成，建筑：安部贞司，结构：石塚秀教，设备：大串辰雄，预算：中山志松）施工●大林组（宫崎正）设计时间●2005年3月～2006年8月　施工时间●2006年9月～2008年9月　开业时间●2008年10月1日

[外部装饰]屋顶●混凝土抹面+沥青防水+隔热材料+上压混凝土　外墙●铝幕墙氟树脂烤色涂装、PCa幕墙氟树脂涂装　外围装配件●铝窗、MPG（金属漆上釉）幕墙　外部结构●树木：光蜡树、白柞木　地皮：草坪、小型灌木状竹

CLOVER芝公园

东京都港区
设计：大成建设

铝框和玻璃、结构体
多层表现立体感

在考虑现代建筑时，将近代绘画的表现手法，通过现代的建筑技术进行三维化表现的"近代思想与现代技术的融合"的想法，很适合现代·近未来的表达。

在这栋出租办公楼，将RC结构的结构网格和幕墙的表层网格作为分层重叠，在自然现象中产生了近代抽象画（线、光、影的构成）的感觉。

在抽象艺术的世界，原本有秩序的横平竖直的格子线、网格等，作为近代的新时代开启的象征来表现。同时，作为美术作品成立的最重要的要素，寻求偶然的构成。

在此，从偶然性中产生的平衡，经过时时变化的自然现象的映照而成。所以，该建筑采用了3种玻璃和表现进深的网格叠层的构造。

自然现象在叠层中被分解成光·影·云的装饰，时时刻刻变化着，映射出如三维抽象艺术般的世界。

中规模的出租办公楼一般追求经济、合理的设计。主结构采用RC结构，为了确保使用空间，结构网格和幕墙的表层网格之间的缝隙设为100mm以内。

为此，施工时需要慎重进行框架精度管理。表层的叠层由线和光构成，除凹凸形状的窗框外，由反射率和表情各异的乳白玻璃网格、磨砂镜面玻璃、透明热反射玻璃构成。另一个影的叠层是背面的结构网格，它表现出立体感的影的构成。

参考近代抽象绘画
产生线、光、影的构成

RC结构的结构网格作为影的层与前面玻璃的表层重叠。表层构成了线和光。以凹凸窗框为界，组合了透明热反射玻璃、平板玻璃、磨砂镜面玻璃。透明热反射玻璃映射出的是天空，平板玻璃映射出的是柔和的天空，磨砂镜面玻璃映射出的是光辉。随着阳光与云彩的变化，幕墙的表情时刻在变化。

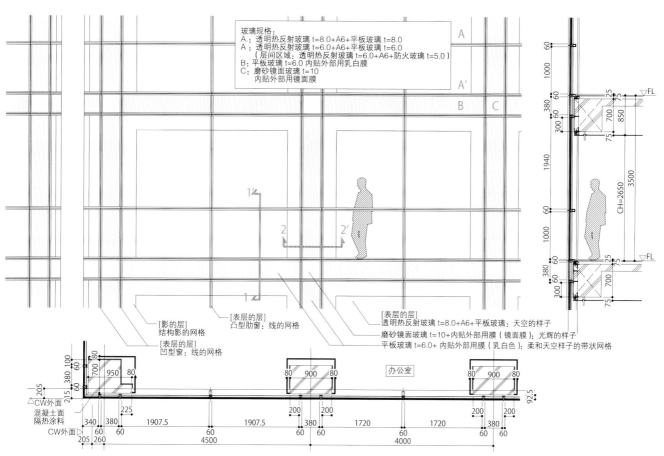

玻璃规格：
A：透明热反射玻璃 t=8.0+A6+平板玻璃 t=8.0
A'：透明热反射玻璃 t=6.0+A6+平板玻璃 t=6.0
（层间区域：透明热反射玻璃 t=6.0+A6+防火玻璃 t=5.0）
B：平板玻璃 t=6.0 内贴外部用乳白膜
C：磨砂镜面玻璃 t=10
　　内贴外部用镜面膜

[影的层]
结构影的网格

[表层的层]
凸型肋窗：线的网格

[表层的层]
凹型窗：线的网格

[表层的层]
透明热反射玻璃 t=8.0+A6+平板玻璃：天空的样子
磨砂镜面玻璃 t=10+内贴外部用膜（镜面膜）：光辉的样子
平板玻璃 t=6.0+ 内贴外部用膜（乳白色）：柔和天空样子的带状网格

办公室

混凝土面隔热涂料
CW外面
CW外面

幕墙立面·剖面大样图1/80

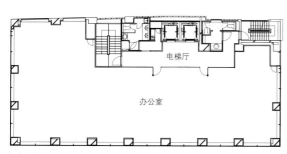

电梯厅

办公室

标准层（二至七层）平面图1/400

外观全景。结构混凝土与幕墙之间的缝隙为100mm以内。阳光与影，映射在玻璃上的云彩时刻在变化。像三维的抽象艺术世界

CLOVER芝公园
所在地●东京都港区芝公园1-3-12　主要用途●事务所、店铺　地域·地区●商业地域、防火地域　建筑密度●75.35%（容许80%）容积率●599.96%（容许600%）前面道路●南侧11m　停车台数●8台　用地面积●524.74㎡　占地面积●395.43㎡　建筑总面积●3504.95㎡　结构·层数●RC结构·一部分S结构，地下1层·地上9层　基础·桩●桩基础　高度●最高高度32.9m，檐高32.55m，层高3.5m，室内净高2.65m　主跨度●4m×13m　委托建设单位（甲方）●KENEDIX、IDERA Capital Management Ltd. 运营者●MS BUILDING SUPPORT Ltd. 设计·监理●大成建设（建筑：川野久雄、结构：大石哲哉、设备：铃木真人、监理：川野久雄）施工●大成建设（伊豫田幸宪）设计时间●2004年3月~8月　施工时间●2004年9月~2006年3月
[外部装饰] 屋顶●混凝土沥青防水外隔热平屋顶·一部分屋顶绿化　外墙●花岗石、挤压成型水泥板+氟树脂涂装　外围装配件●铝窗肋板条、凹压缝条、双层玻璃（遮阳∑+A6+FLG）

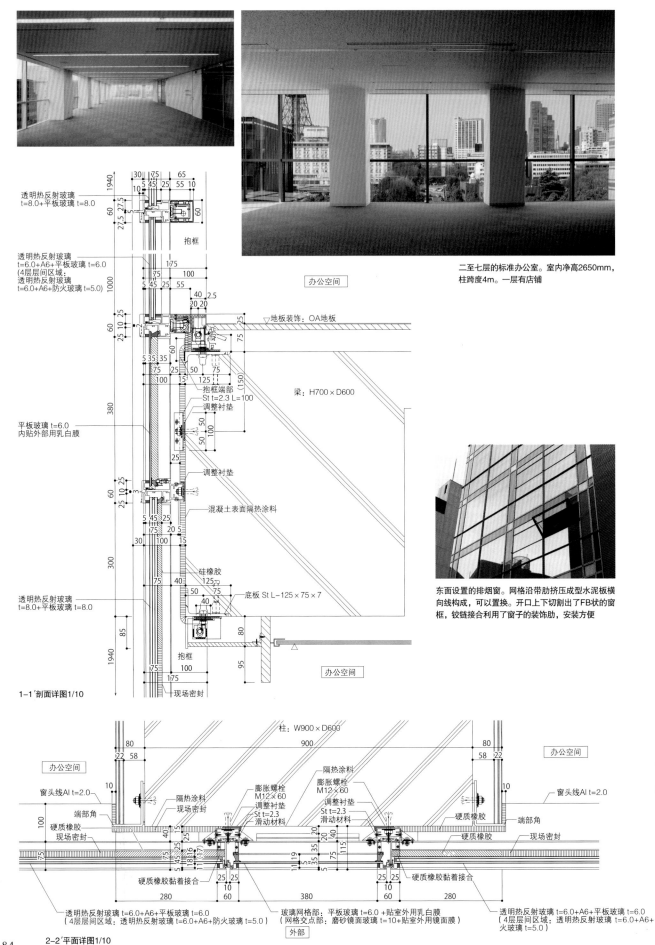

二至七层的标准办公室。室内净高2650mm，柱跨度4m。一层有店铺

东面设置的排烟窗。网格沿带肋挤压成型水泥板横向线构成，可以置换。开口上下切割出了FB状的窗框，铰链接合利用了窗子的装饰肋，安装方便

1-1'剖面详图1/10

2-2'平面详图1/10

东京理科大学5号馆

东京都新宿区

设计：东京理科大学建筑设计连合体
（石桥利彦+广谷纯弘+杉浦传宗+松本刚+佐野吉彦+小西敏治）

铝板和陶瓷印刷玻璃构成的幕墙，遮住了研究室的走廊。白天，墙面上有很多小挑檐的影子；夜间，由于内部的光，在玻璃上浮现点点圆点

引入光线的柔软皮膜
用挑檐强调同内部的关系

幕墙的内侧是研究室的走廊。像小挑檐贯通到顶棚一样，仅在玻璃开口部分设置了顶棚板。其他地方涂黑未设置顶棚板

控制视线和阳光辐射同时引入自然光

铝板和陶瓷印刷玻璃构成的条纹状幕墙立面给人留下深刻印象。陶瓷印刷玻璃白天遮住视线，同时具有通过走廊将自然光引入研究室的功能。玻璃面上安装的小挑檐既遮住了阳光，又强调了同内部的关系。小挑檐像贯通顶棚一样，在顶棚部分镶了铝板。其他顶棚未进行装饰，涂成了黑色。

从室内的角落看幕墙墙面

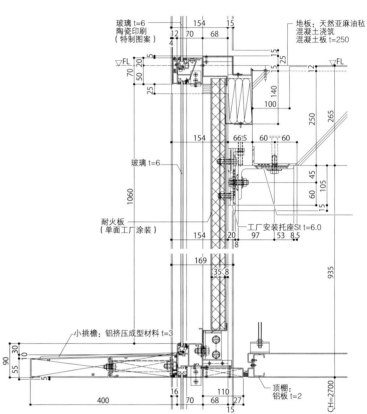

玻璃 t=6 陶瓷印刷（特制图案）
地板：天然亚麻油毡 混凝土浇筑 混凝土板 t=250
玻璃 t=6
耐火板（单面工厂涂装）
小挑檐：铝挤压成型材料 t=3
工厂安装托座 St t=6.0
顶棚：铝板 t=2

幕墙（玻璃部）剖面大样图 1/10

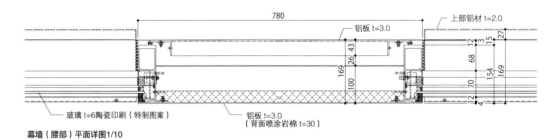

铝板 t=3.0
上部铝材 t=2.0
玻璃 t=6 陶瓷印刷（特制图案）
铝板 t=3.0（背面喷涂岩棉 t=30）

幕墙（腰部）平面详图 1/10

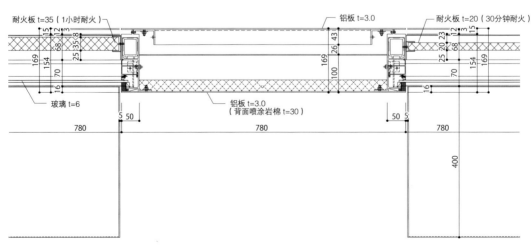

耐火板 t=35（1小时耐火）
铝板 t=3.0
耐火板 t=20（30分钟耐火）
玻璃 t=6
铝板 t=3.0（背面喷涂岩棉 t=30）

幕墙（顶棚内部）平面详图 1/10

东京理科大学作为校园再构筑的一环建设的都市型化学系研究楼，是同周边环境共存的同时，激发创造性的协作精神的建筑。

位于东京·市谷的用地处于东京中心位置，但同安静的住宅地相邻。因此，虽说是研究楼，希望建成不太显眼的设施。基本的空间构成是，外周是走廊，内侧是研究室，中心部配有机械竖井，从一般空间阶段性地过渡到研究空间。

作为独具特色的建筑立面，铝板和陶瓷印刷玻璃构成的幕墙隔着走廊起到连接研究室玻璃墙的柔软皮膜的作用。

陶瓷印刷玻璃能遮挡视线，同时还能引入光线，自然光通过研究室的玻璃墙引入内部。并且，同板交叉的小挑檐遮住开口部的阳光辐射的同时，通过贯通走廊顶棚，强调了内部的关联性。

背对背的研究室之间的机械竖井是作为管道及将来应对空间设置的。从地下层到屋顶层直接相连，确保支持多样化研究的研究空间的灵活性。

另外，小研究室的幕墙将竖向外平开窗的窗框当作铝板，抹去了窗框的轮廓，同陶瓷印刷玻璃在一个平面，消除了窗户的存在感。做到对周边环境是柔和地关闭，在内部空间尽可能地得到开放感。

从东南侧看到的外观。眼前看到的是有一排小研究室的低层楼。铝板部分是竖向外平开窗

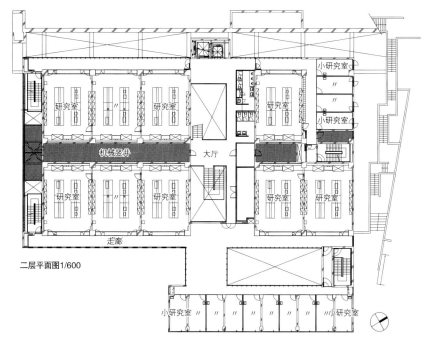

二层平面图1/600

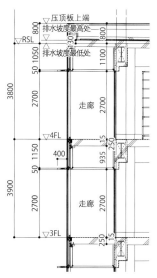

走廊部分剖面图1/150

东京理科大学5号馆

所在地●东京都新宿区市谷船河原12　主要用途●大学　地域·地区●商业地域、第一类居住地域、第一类中高层居住专用地域　前面道路●南侧6.0m、北侧4.0m　停车台数●2台　用地面积●3834.11m²　占地面积●1974.06m²　建筑总面积●11643.69m²　结构·层数●SRC结构、地下4层·地上4层　基础·桩●板式基础　高度●最高高度22.816m、檐高17.416m、层高4.0m、室内净高2.7m　主跨度●7.8m×10.75m　委托建设单位（甲方）·运营者●东京理科大学　设计·监理●东京理科大学建筑设计连合体（石桥利彦+广谷纯弘+杉浦传宗+松本刚+佐野吉彦+小西敏治）：石桥德川建筑设计所、建筑研究所Archivision、ARTS&CRAFTS建筑研究所、松本刚建筑研究室（建筑）、安井建筑设计事务所（结构·设备）、U·CORPORATION（总务）　施工●大成建设·熊谷组·前田建设工业JV（长门彻郎）　施工协助●空调·卫生：东洋热工业（西村伸）　电气：KINDEN（斋藤伸也）　实验机器：ITOKI、DULTON、ORIENTALGIKEN　特殊燃气：巴商会　磁屏蔽：日本电子JEOL　设计时间●2001年4月～2003年3月　施工时间●2003年6月～2005年8月

[外部装饰] 屋顶●屋顶绿化　上压混凝土　沥青外隔热施工法　外墙●铝幕墙无光饰面　外围装配件●铝幕墙无光饰面

SKELETON WALL

富山县富山市
设计：滨田修建筑研究所 + Ohno-JAPAN

内外透过淡光的穿孔金属板承重墙

业主石黑树先生说："希望建造成将来还能作为小店铺的有个性的住宅。"建筑用地东侧和北侧临近道路，南侧是3层的办公楼，西侧是富山市内的住宅地。面积是37坪（1坪=3.3㎡），在富山市算是小的，没有余地。

受托设计的滨田修先生（滨田修建筑研究所）克服不利的采光条件，为了设计作为店铺的印象深刻的立面，将从大街能够看到的东面全面开窗。这样做的想法是："白天室内明亮，夜间像是建筑物内放出光亮的灯罩"。

但是，想将本建筑物作为木结构的4号建筑物进行建筑申请，东面需要承重墙。最初的方案是，在用柱子均等区划的上下层的墙壁中，规则地设置长斜撑，整面墙全部开放。滨田先生请教结构设计师大野博史先（Ohno-JAPAN）："斜撑可以细到多小？"大野先生回答："厚15mm，正面宽度90mm。"两人都觉到"太粗"。因此，想把斜撑做得再细一些。但是，斜撑细了，不仅拉力，压力也不够，需要90mm见方。这样还是"太粗"。

上 东侧的立面。穿孔金属板有2种，孔小的是承重墙，孔大的是装饰。2种板交替设置，产生节奏感
左 东侧的玄关引道。穿过二层通道的底部就是玄关。右侧镶有玻璃的房间是将来作为店铺的空间。目前作为仓库使用

二层的起居室兼餐厅。左侧的墙是东面的开口部。日光强时，孔的轮廓看得很清楚；阴天时，轮廓消失，全部变成乳白色

接着又验证了比木材细的钢筋斜撑。但是，我们还是很在意钢筋线的存在感。在反复摸索中，我们发现，如果有与钢筋斜撑的断面积同等的金属断面，就可以得到同等的强度，最后选择了穿孔金属板。

"非承重墙"的孔径大

在结构上，东面需要的承重墙长度是2.7m。承重墙交互配置，结构上效果会更好，所以将承重墙按网格状配置。实际承重墙的长度采用了绰绰有余的4.5m。非承重墙也使用了穿孔金属板。这部分的孔径比承重墙部分大，给人前卫，帅气的感觉。

在这里生活了半年多的石黑先生说："没想到，外面看起来像是关闭着的，里面却这么亮。白天不用灯。"石黑先生的妻子津子说："感觉离户外很近。晴天时心情特别好，从早晨开始就很有精神"，可以享受每天都有变化的墙面的表情。

通透的外墙
将穿孔金属板
作为"壁倍率1"的承重墙

4号建筑物的承重墙计算中规定：有厚15mm×宽度90mm的木斜撑，或直径9mm的钢筋斜撑的墙是"壁倍率1"的承重墙。这个住宅的承重墙使用的穿孔金属板厚度是2.3mm。孔间的斜着通过部分的宽度是6mm。5个孔的倾斜部的断面积是2.3mm×6mm×5根=69㎡，比直径9mm的钢筋斜撑的断面积63.58㎡（4.5㎡×4.5㎡×3.14）大，可看做具有同等的强度。并且，为了不让穿孔金属板压曲，在中档放了4.5mm×30mm的扁钢，周围以90mm的间隔，用螺钉固定在梁、柱上。在住宅认定申请时，附上了以上说明，作为4号建筑物获得了批准。

左　眼前是连接起居室兼餐厅和厨房·卫生间的西侧阳台。二层以光庭为中心设置了回廊
上　二层南侧的厨房。站到洗涤槽前，可以透过玄关引道上部的光庭看到起居室。右手是东侧的墙壁，进入了柔和的光

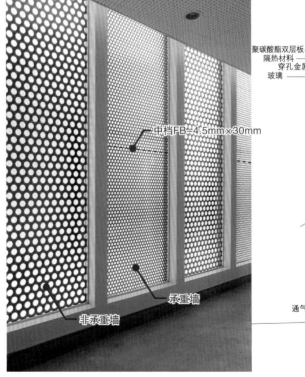

中档FB=4.5mm×30mm

从内侧看到的东侧墙壁。孔小的穿孔金属板是承重墙。为了防止结露，玻璃内侧由6～7mm的空气层、穿孔金属板、隔热板、双层聚碳酸酯板等多层构成

承重墙

非承重墙

1　最早考虑的木斜撑的方案
2　木斜撑变细的第2方案
3　比木材细的钢筋斜撑方案
4　斜撑消失的穿孔金属板的最终方案

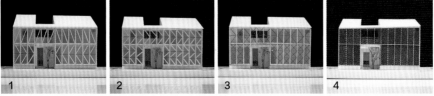

聚碳酸酯双层板
隔热材料
穿孔金属板
玻璃

通气

外墙剖面大样图1/20

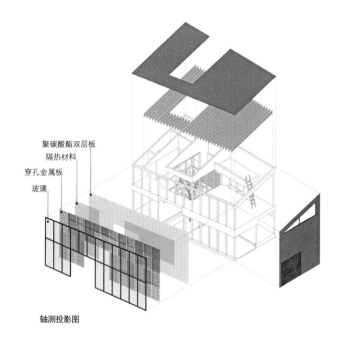

聚碳酸酯双层板
隔热材料
穿孔金属板
玻璃

轴测投影图

设计者的声音

通过容许应力计算确保安全

滨田修建筑研究所
滨田修

我注意到东侧的透明感。即使有穿孔金属板，只要有透明的部分，一是担心外面的视线，二是玻璃容易脏。用磨砂玻璃和聚碳酸酯板营造出了淡淡的气氛。

Ohno-JAPAN
大野博史

将穿孔金属板作为承重墙使用时，需要调整金属板的厚度和孔径，让金属板的断面连接起来。这次不仅进行了壁量计算，还进行了容许应力计算，确认了接合部的安全性。

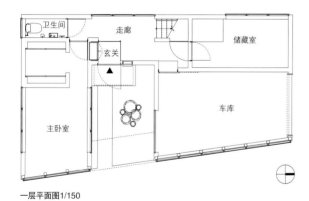

一层平面图1/150

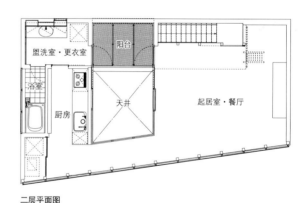

二层平面图

SKELETON WALL

所在地●富山市西大泉　主要用途●专用住宅　家庭构成●夫妇2人　地域·地区●第二类中高层居住专用地域　建筑密度●42.86%（容许60%）　容积率●79.83%（容许200%）　前面道路●11.5m　停车台数●2台　用地面积●123.70㎡　占地面积●53.03㎡　建筑总面积●98.76㎡（一层50.69㎡、二层48.07㎡）　结构·层数●木结构、地上2层　基础·桩●连续基础　高度●最высокая高度7.37m、檐高7.211m、层高2.82m（一层）、室内净高3.91m（二层）　主跨度●5m　设计·监理●滨田修建筑研究所（滨田修）　设计协助●结构：Ohno-JAPAN（大野博史）　施工●三由建设（藤森智广）　施工协助●空调：SHINKOU（松田恭则）、卫生：KUREHARO（松室幸司）　设计时间●2008年1月~6月　施工时间●2008年7月~12月

[外部装饰] 屋顶·外墙●镀铝锌合金钢板 t=0.35长板横铺　外围装配件●防结露型隔热铝窗　外部结构●混凝土地面 t=120

东侧夜景。建筑物像个大的方形纸罩座灯一样发光，让人们看到了与白天完全不同的景象

深大寺NESTLED BOX

东京都调布市

设计：内海智行 /MILLIGRAM ARCHITECTURAL STUDIO

像开着小窗的木箱

确保结构与热环境

东侧的外观。8m高的整个外墙分成了1m见方的正方形，用不规则的开窗和西部红雪松装饰

容易被木箱般的独特的外观设计所吸引，但事实上产生这个想法的设计思想更有意思。设计者内海智行先生说："我想尝试一下一直关心的住宅两阶段施工（骨架+内部填充）"。

施工分两个阶段进行。首先，作为一次结构，建造了四方形的箱型骨架。内部除了需要用水的部位，是一个没有墙壁和地板的2层空壳。之后，作为二次结构，建造了居室等内部空间。二次结构作为增建再次提出住宅认定申请，施工者也不同。

骨架和内部空间的分离也可叫做SI（SKELETON·INFILL）。但是，如果是单纯的物理性的SI的话，就没有必要特意分两段施工。

内海先生说："不是从最初就建造起来，而是重视居住者花时间寻找生活方式的过程。"想尝试的是，针对"生活"这个软件，可以柔软对应SI，为此，给二次结构施工留出了时间差。在空空荡荡的四方形的箱子中，内海先生和业主膨胀了生活方式的想象，这就成了二次结构。

根据热环境决定窗户的配置

那么，在内部是一张白纸的阶段，属于一次结构的窗户的配置是怎样决定的呢？"关于内部空间，做了很多的模拟。我们认为限定居室位置、宽度的大窗口并不合适，考虑与采光、通风、眺望等开窗功能的平衡，不规则地镶嵌了小窗户。"（内海先生）避开大窗口，也是因为担心将来的周围环境会有想象不到的大变化。

具体的开窗位置是根据热环境决定的。光照强烈的东南侧2面外墙，在隔热材料的外侧有通气层。夏天促使墙内换气，冬天把墙内温暖的空气引入室内，作为暖气的补充。

为了充分利用通气层的功能，最好是空气能在整个墙内从下到上流通。因此，每个开窗的位置都是为了让空气畅通无阻。

配置了独特开窗的外墙，是确保住宅基本结构体和热环境的骨架，也是把建筑与预想变化的周围环境适度隔开，内部拥有自由空间的外皮。内海先生把这个住宅称为"都市沙漠中的森林"。

骨架的一次结构完成的样子。采用SE建造方法的木结构，内部除需要用水的部位外，没有墙壁和地板。钢制桥兼作结构梁

不规则地镶嵌小窗
考虑空气流通

为了重视居住者花时间寻找生活方式的过程，首先建造骨架。内部空间是空出时间后再施工。为此，关于一次结构的窗户，是根据多次模拟决定的。考虑着与采光、通风、眺望等开窗功能的平衡，不规则地配置了小窗户。光照较强的东南侧2面外墙，在隔热材料的外侧设有通气层。关于通气层，考虑了每个开窗都能使空气畅通无阻。

从东南侧看到的全景。利用用地4m的高低差，在混凝土基础内设了9根换气管。右下能够看到空气吸入口

外墙·通气层的空气流通

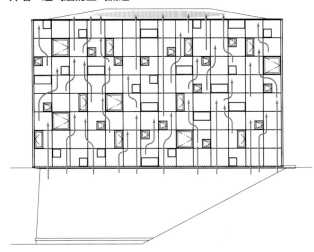

表示东侧外墙通气层内的空气流通。为了使空气能在整个墙内从下到上畅通无阻地流通，决定了开窗位置

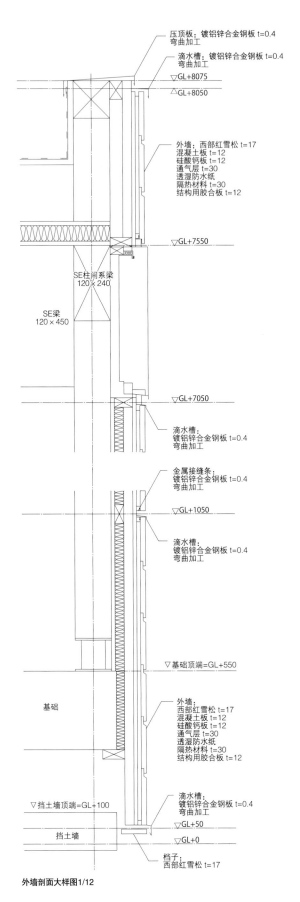

压顶板：镀铝锌合金钢板 t=0.4
弯曲加工

滴水槽：镀铝锌合金钢板 t=0.4
弯曲加工

▽GL+8075
△GL+8050

外墙：西部红雪松 t=17
混凝土板 t=12
硅酸钙板 t=12
通气层 t=30
透湿防水纸
隔热材料 t=30
结构用胶合板 t=12

▽GL+7550

SE柱间系梁
120×240

SE梁
120×450

▽GL+7050

滴水槽：
镀铝锌合金钢板 t=0.4
弯曲加工

金属接缝条：
镀铝锌合金钢板 t=0.4
弯曲加工

▽GL+1050

滴水槽：
镀铝锌合金钢板 t=0.4
弯曲加工

▽基础顶端=GL+550

基础

外墙：
西部红雪松 t=17
混凝土板 t=12
硅酸钙板 t=12
通气层 t=30
透湿防水纸
隔热材料 t=30
结构用胶合板 t=12

滴水槽：
镀铝锌合金钢板 t=0.4
弯曲加工

▽挡土墙顶端=GL+100

挡土墙

▽GL+50

▽GL+0

挡子：
西部红雪松 t=17

外墙剖面大样图1/12

作为二次结构，内部空间施工完成。二次结构的地板和墙，是从一次结构独立出来的，结构上没有作用

冬季和夏季的热环境

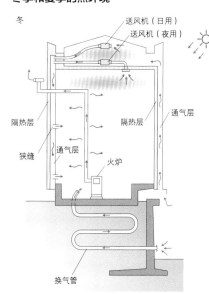

冬
送风机（日用）
送风机（夜用）
隔热层
狭缝
通气层
隔热层
通气层
火炉
换气管

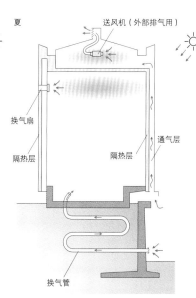

夏
送风机（外部排气用）
换气扇
隔热层
隔热层
通气层
换气管

冬季的白天，东面通气层的空气受光照变暖，储存在屋顶里层。使用日用送风机将温暖的空气吹到西面的通气层，送到室内。

冬季的夜间，火炉和烟囱的热量使房间变暖。暖空气上升到顶棚附近，从顶棚吸气口经过送风机，吹到西面的通气层，还原到室内。

夏季，墙面通气层和顶棚内储存的热气，通过外部排气用送风机排到外部。要经常排出通气层的热气，防止外部热气传到室内。

土壤一年四季温度稳定，利用它的特性，通过埋在土中的换气管，将外气引入，夏天向室内送冷气，冬天向室内送暖气。

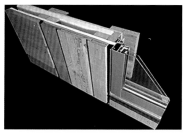

东南2面的外墙模型。眼前是屋外侧

深大寺NESTLED BOX

所在地●东京都调布市　主要用途●专用住宅　家庭构成●夫妇+孩子2人　地域·地区●第二类中高层居住专用地域　建筑密度●40.24%（容许70%）　容积率●76.15%（容许200%）　前面道路●东侧36m、北侧4.5m　停车台数●2台　用地面积●280.84㎡　占地面积●113.02㎡　建筑总面积●213.87㎡　结构·层数●木结构（SE建造方法）、地上2层　基础·桩●板式基础　高度●最高高度8.59m、檐高7.5m、层高4.5m、室内净高4.1m　主跨度●7.8m×13.8m　设计·监理●MILLIGRAM ARCHITECTURAL STUDIO（内海智行）　设计协助●结构：播设计室（播繁）、设备：SPIRAL设备设计（新井美智也）　施工●一次结构：丸增住宅资材（清水隆）、二次结构：HAYAMA建设（端山谦二郎）　设计时间●2004年9月～2005年8月（挡土墙·一次结构）、2005年9月～12月（二次结构）　施工时间●2005年2月～8月（挡土墙）、2005年9月～2006年1月（一次结构）、2006年1月～3月（二次结构）

[外部装饰]屋顶●露明板防水　外墙●西部红雪松、外墙基层AEP涂装　外围装配件●铝窗、钢窗

设计者简介 ※代表者1人（共同设计时各社各1人。合伙人事务所除外），按项目刊载顺序排列

【Part 1】
通过照片和图纸解读热门作品

坂上之云美术馆 [P6-11]
安藤忠雄（安藤忠雄建筑研究所 代表）
ANDOU TADAO:1941年出生于大阪府。1969年
成立安藤忠雄建筑研究所。东京大学名誉教
授·特别荣誉教授

hhstyle.com/casa [P12-15]
安藤忠雄（同前）

多摩美术大学图书馆（八王子校区）[P16-21]
伊东丰雄（伊东丰雄建筑设计事务所 代表）
ITOU TOYOO: 1941年出生于京城（现韩国首尔）。
1965年东京大学工学部建筑学科毕业，之后在菊
竹清训建筑设计事务所工作。1971年成立URBAN
ROBOT（URBOT），1979年更名为现事务所名

冥想的森林 市营火葬场 [P22-25]
伊东丰雄（同前）

MIKIMOTO Ginza 2 [P26-28]
伊东丰雄（同前）

芝山哲也（大成建设 设计本部 副本部长）
SHIBAYAMA TETSUYA: 1953年出生于神奈川
县。1977年千叶大学工学部建筑学科毕业，到
大成建设工作。2010年开始任现职。庆应义塾
大学特聘讲师

SUMIKA 展示馆 [P29-31]
伊东丰雄（同前）

国立新美术馆 [P32-37]
黑川纪章
KUROKAWA KISYOU: 1934年出生于爱知县。
1957年京都大学建筑学科毕业，1964年东京大
学大学院博士课程结业。在校期间的1962年成
立黑川纪章建筑都市设计事务所。2007年去世

静冈大成中学 [P38-43]
长谷川逸子（长谷川逸子·建筑设计工房 代表）
HASEGAWA ITSUKO: 1941年出生于静冈县。
1964年关东学院大学建筑学科毕业。经历了菊
竹清训建筑设计事务所、东京工业大学研究
生、同大学篠原一男研究室，1980年成立长谷
川逸子·建筑设计工房

横须贺美术馆 [P44-49]
山本理显（山本理显设计工场 代表）
YAMAMOTO RIKEN: 1945年出生于中国北京市。
1971年东京艺术大学大学院毕业。之后在东京大
学原广司研究室读研究生，1973年成立山本理显
设计工场。2007年任横滨国立大学大学院教授

木材会馆 [P50-54]
山梨知彦（日建设计 设计部门 副代表）
YAMANASHI TOMOHIKO: 1960年出生于神奈
川县。1984年东京艺术大学毕业。1986年东京
大学大学院硕士课程结业，到日建设计工作。
2006年开始任现职

【Part 2】
通过关键词看开口部

三得利美术馆 [P56-59]
隈研吾（建筑师、东京大学教授）
KUMA KENGO: 1954年出生于神奈川县。1979年
东京大学大学院毕业。1987年成立空间研究所。
1990年成立隈研吾建筑都市设计事务所。曾任庆
应义塾大学教授，2009年开始任东京大学教授

白井大之（日建设计 设计部门 设计室室长）
SHIRAI HIROYUKI: 1963年出生于香川县。
1989年神户大学大学院硕士课程结业，到日建
设计工作。2010年开始任现职

银山温泉 藤屋 [P60-63]
隈研吾（同前）

雅马哈银座大厦 [P64-67]
茅野秀真（日建设计 执行负责人）
CHINO HOZUMA: 1953年出生于埼玉县。1976
年东京艺术大学毕业，1978年东京大学大学院
硕士课程结业。1979年宾夕法尼亚大学建筑
学科硕士课程结业。1981年到日建设计工作。
2010年开始任现职

福寿园京都总店 [P68-71]
须贺定邦（竹中工务店 大阪本店 设计部 科
长代理）
SUGA SADAKUNI: 1972年出生于东京。1995年
东京大学都市工学科毕业。之后在美国加利福
尼亚大学伯克利分校学习，1998年东京大学大
学院硕士课程结业，到竹中工务店工作。2009
年开始任现职

尼崎博正（东京造型艺术大学 教授）
AMASAKI HIROMASA：1946年出生于兵库县。
1968年京都大学农学部林学科毕业后，在造园
现场学习技术。1989年任京都艺术短期大学教
授。曾任同大学学院院长，2000年开始任现职

岛根县立古代出云历史博物馆 [P72-77]
槙文彦（槙综合设计事务所 代表）
MAKI FUMIHIKO: 1928年出生于东京。1954年
哈佛大学大学院建筑硕士毕业。历任华盛顿大
学、哈佛大学副教授。1965年成立槙综合设计
事务所。1979～1989年任东京大学工学部教授

富士电视台湾岸摄影棚 [P77-83]
泽田英行（鹿岛 建筑设计本部 建筑设计统括
组组长）
SAWADA HIDEYUKI: 1962年出生于京都府。
1985年芝浦工业大学建筑学科毕业。1987年同
大学大学院建设工学毕业，到鹿岛工作。2004
年开始任现职

爱知淑德中学 [P84-87]
多罗尾直子（TARAO HIIRO ARCHITECTS）
TARAO NAOKO：1964年出生于神奈川县。
1988年东京大学大学院毕业。曾在长谷川逸
子·建筑设计工房工作，1998年成立TARAO
HIIRO ARCHITECTS

日色真帆（TARAO HIIRO ARCHITECTS、爱
知淑德大学 现代社会学部教授）
HIIRO MAHO: 1961年出生于千叶县。东大
博士课程结业。曾共同主持SHIIRAKANSU，
1998年成立TARAO HIIRO ARCHITECTS。现
在，任爱知淑德大学现代社会学部教授

铃木达也（日本设计 名古屋支社 高级建筑师）
SUZUKI TATSUYA: 1963年出生。1990年东京
工业大学大学院毕业，到日本设计工作

大阪律师会馆 [P88-93]
江副敏史（日建设计 执行负责人 首席设计）
EZOE SATOSHI:1957年出生于大阪府。1980年京
都大学工学部建筑学科毕业，到日建设计工作。
曾任设计部门设计室室长，2009开始年任现职

**福山市中央图书馆·老人学习中心学习馆
ROSEKOMU [P94-99]**
江副敏史（同前）

白色教堂 [P100-103]
青木淳（青木淳建筑设计事务所 代表）
AOKI JUN: 1956年出生于神奈川县。1982年东京大
学大学院硕士课程结业。1983~1990年在矶崎新工
作室工作。1991年成立青木淳建筑设计事务所

lotus beauty salon [P104-107]
中村拓志（NAP建筑设计事务所 代表）
NAKAMURA HIROSHI: 1974年出生于东京。
1999年明治大学大学院理工学研究科博士前期
课程结业，到隈研吾建筑都市设计事务所工
作。2002年成立NAP建筑设计事务所

STRONG BUILDING [P108-110]
须贺定邦（同前）

M-CLINIC [P111-113]
笹敦（空间系统研究所 代表）
SASA ATSUSHI: 1965年出生于岐阜县。1990年
早稻田大学大学院理工学研究科毕业后，到
AA学校留学。曾在理查德·罗杰斯·合伙人
事务所·伦敦工作，2000年开始任空间系统研
究所代表。前桥工科大学特聘讲师

泽口直树（吉富兴产一级建筑师事务所）
SAWAGUCHI NAOKI: 1964年出生于东京。1986
年町田设计专业学校毕业，到TIA综合设计工
作。1989年进吉富兴产。1996年成立吉富兴产一
级建筑师事务所。2008年任设计组44*tune主管

下川牙科医院 [P114-116]
末光弘和（SUEP. 代表）
SUEMITSU HIROKAZU: 1976年出生于爱媛县。
2001年东京大学大学院毕业，到伊东丰雄建筑
设计事务所工作。2007年加入SUEP。2009年
任横滨国立大学大学院Y-GSA设计助手

末光阳子（SUEP. 代表）
SUEMITSU YOUKO: 1974年出生于福冈县。
1997年广岛大学建筑学科毕业后，到佐藤综合
设计工作。2003年成立SUEP.

案例出处·执笔者
※案例名[刊载页码]/原执笔者（所属）/NIKKEI ARCHITECTURE刊载号

【Part 1】
通过照片和图纸解读热门作品

坂上之云美术馆[P6-11]/森清（NIKKEI ARCHITECTURE）/2007年9月10日号

hhstyle.com/casa[P12-15]/西山麻夕美（记者）、宫泽洋（NIKKEI ARCHITECTURE）/2005年6月27日号、2006年3月20日增刊号

多摩美术大学图书馆（八王子校区）[P16-21]/佐野由佳（记者）、森清（NIKKEI ARCHITECTURE）/2007年8月13日号、2008年3月17日增刊号

冥想的森林 市营火葬场[P22-25]/浅野祐一（NIKKEI ARCHITECTURE）/2006年7月10日号

MIKIMOTO Ginza 2 [P26-28]/松浦隆幸（记者）/2006年1月23日号

SUMIKA展示馆[P29-31]/松浦隆幸（记者）/2009年2月9日号

国立新美术馆[P32-37]/中崎隆司（建筑记者）、森清（NIKKEI ARCHITECTURE）/2007年2月26日号、2008年3月17日增刊号

静冈大成中学[P38-43]/西山麻夕美（记者）、宫泽洋（NIKKEI ARCHITECTURE）/2005年5月16日号、2006年3月20日增刊号

横须贺美术馆[P44-49]/森下慎一（原任·NIKKEI ARCHITECTURE）/2007年8月13日号

木材会馆[P50-54]/加藤光男（记者）/2009年9月14日号

【Part 2】
通过关键词看开口部

三得利美术馆[P56-59]/森下慎一（原任·NIKKEI ARCHITECTURE）、大井智子（记者）/2007年6月11日号、2007年8月3日号

银山温泉 藤屋[P60-63]/中崎隆司（建筑记者）/2006年9月11日号

雅马哈银座大厦[P64-67]/冈本蓝（NIKKEI ARCHITECTURE）/2010年3月22日号

福寿园京都总店[P68-71]/加藤光男（记者）/2008年12月8日号

岛根县立古代出云历史博物馆[P72-77]/樋口智幸（NIKKEI ARCHITECTURE）/2007年7月9日号

富士电视台湾岸摄影棚[P77-83]/樋口智幸（NIKKEI ARCHITECTURE）/2008年2月25日号

爱知淑德中学[P84-87]/佐野由佳（记者）/2008年2月11日号

大阪律师会馆[P88-93]/加藤光男（记者）/2006年10月9日号

福山市中央图书馆·老人学习中心 学习馆ROSEKOMU[P94-99]/加藤光男（记者）/2009年2月9日号

白色教堂[P100-103]/中崎隆司（建筑记者）/2006年9月18日增刊号

lotus beauty salon[P104-107]/松浦隆幸（记者）/2006年4月24日号

STRONG BUILDING[P108-110]/森清（NIKKEI ARCHITECTURE）/2006年9月18日增刊号

M-CLINIC[P111-113]/笹敦+泽口直树（空间系统研究所+吉富兴产一级建筑师事务所）/2006年9月18日增刊号

下川牙科医院[P114-116]/村田皓（记者）/2009年7月27日号

【Part 3】
灵活通透的表皮结构

千趣会新本社大楼[P118-120]/森清（NIKKEI ARCHITECTURE）/2008年10月13日号

SHINKOU BUILDING[P121-123]/森清（NIKKEI ARCHITECTURE）/2008年10月13日号

森之邻[P124-127]/小卷哲（建筑编辑）/2008年10月13日号

空中教堂[P128-131]/冈本蓝（NIKKEI ARCHITECTURE）/2010年2月22日号

知床斜里综合车站[P132-135]/佐野由佳（记者）/2008年10月13日号

三鹰·玉川上水之家[P136-137]/松浦隆幸（记者）/2006年9月18日增刊号

学习名人的技艺：隈研吾先生[P138-141]、西泽大良先生[P146-150]/中崎隆司（建筑记者）/2007年10月13日号、2008年11月24日号（骏府教堂）、2009年2月9日号（SUMIKA项目）

学习名人的技艺：长谷川逸子女士[P142-145]/小卷哲（建筑编辑）/2008年10月13日号

【Part 4】
改变窗户的周边

检查热门大型建筑的开口部[P152-161]/加藤光男（记者）/2009年10月12日号

竹中工务店的被动式建筑细部[P162-169]/森清（NIKKEI ARCHITECTURE）/2009年10月12日号

GARDEN TERRACE 长崎[P170-173]/佐野由佳（记者）/2009年10月12日号

岩见泽综合车站[P174-177]/松浦隆幸（记者）/2009年10月12日号

名古屋INTERCITY[P178-181]/加藤光男（记者）/2009年4月13日号

CLOVER芝公园[P182-184]/川野久雄（大成建设）/2006年9月18日增刊号

东京理科大学5号馆[P185-187]/石桥利彦（石桥德川建筑设计所）/2006年9月18日增刊号

SKELETON WALL[P188-191]/西山麻夕美（记者）/2009年10月12日号

深大寺NESTLED BOX [P192-195]/松浦隆幸（记者）/2006年9月18日增刊号

照片摄影者等
※姓名按日语50音顺序排序

【照片摄影·提供】
青木淳建筑设计事务所/P103右上3张
阿野太一/P60-61、P62左上·左下、P63、P100-102、P103左下、P114-115、P116下、P124-126、P170-171、P173上2张
生田将人/P94-98、P163、P167-168
伊丹润·ARCHITECT/P129
伊东丰雄建筑设计事务所/P19下2张
内山昭一/P188-189、P190上3张、P191下
大野繁/P143下2张
小川重雄/P174-176
尾关弘次/P35下、P153-155
加藤嘉六/P136、P137右上
加藤光男/P156、P157中、P158、P159右中·右下、P160-161
川野久雄/P182-184
川人洋志/P132-135
本田胜久/P78-82、P111-112

隈研吾建筑都市设计事务所/P62左中、P141
车田保/P84-86、P178-181
萨田英男/P137中
佐藤振一/P128、P130
平刚/P192-194、P195上
竹中工务店/P110左下2张、P166右下
寺尾丰/P12-14
各执一雄/P139下、P140
西泽大良建筑设计事务所/P149
长谷川逸子·建筑设计工房/P142右上3张
母仓知树/P118-120、P162、P164-165、P166左上
滨田修建筑研究所/P190下4张、P191右上
藁塚光政/P139上2张
古川泰造/P68-70、P108-109、P110上2张、P121、P122中左、P123
细谷阳二郎/P32-33、P35上、P36-37、P50-54、P58-59、P88-93、P185-187
松浦隆幸/P29-31、P150

三岛叡/P145右下
MILLIGRAM ARCHITECTURAL STUDIO/P195右中
村田皓/P116左上
柳生贵也/P16-17、P19上、P20、P44-48、P56-57、P138、P142左上、P146-148、P152、P157右下、P159右上
山田慎二/P173右中
吉田悟/P177左下
吉田诚/P6-10、P22-28、P38-43、P64-67、P72-77、P104-107、P144、P145右上·左下·中下
NIKKEI ARCHITECTURE/P122中右、P169左下

【CG等资料提供】
鹿岛/P81上、P83
结构设计PURASU·WAN/P48右下
日建设计/P66下
滨田修建筑研究所/P191左上

著作权合同登记图字：01−2013−8025号

图书在版编目（CIP）数据

建筑开口部细部设计/（日）NIKKEI ARCHITECTURE编；
白玉美译；刘灵芝校. —北京：中国建筑工业出版社，2015.11
ISBN 978-7-112-18425-5

Ⅰ. ①建⋯ Ⅱ. ①N⋯②白⋯③刘⋯ Ⅲ. ①门−细部设计
②窗−细部设计 Ⅳ. ①TU228

中国版本图书馆CIP数据核字（2015）第209814号

本书由日本日经BP社授权翻译出版

责任编辑：刘文昕 率 琦
责任校对：赵 颖 党 蕾

建筑开口部细部设计

[日] NIKKEI ARCHITECTURE 编

白玉美 译

刘灵芝 校

*
中国建筑工业出版社出版、发行（北京西郊百万庄）
各地新华书店、建筑书店经销
北京锋尚制版有限公司制版
北京利丰雅高长城印刷有限公司印刷
*
开本：880×1230毫米 1/16 印张：12½ 字数：350千字
2015年11月第一版 2015年11月第一次印刷
定价：128.00元
ISBN 978 − 7 − 112 − 18425 − 5
（27686）

中国建筑工业出版社相关图书

《建筑构造——从图纸·模型·3D详解世界四大名宅》

《城市·建筑的感性设计》

《图解建筑知识问答系列——钢结构建筑入门》

《居住与环境——住宅建设的环境因素》

《日本建筑院校毕业设计优秀作品集1》

《日本建筑院校毕业设计优秀作品集2》

《日本建筑院校毕业设计优秀作品集3》

《日本建筑院校毕业设计优秀作品集4》

《日本著名建筑师的毕业作品访谈1》

《日本著名建筑师的毕业作品访谈2》

《建筑院校学生毕业设计指导》

《新共生思想》

《建筑论与大师思想》

《图解住居学》

《无障碍环境设计》

《释放建筑自由的方法》

《住宅设计师笔记》

《建筑造型分析与实例》

《空间表现》

《空间要素》

《空间设计技法图解》

《20世纪的空间设计》

《勒·柯布西耶的住宅空间构成》

《路易斯·I·康的空间构成》

《充满生机的技术——激活建筑的结构设计》

《世界著名住宅平面解读》